산뜻한 계절의 감성을 담은

봄여름 뜨개

산뜻한 계절의 감성을 담은 봄여름 뜨개

2025년 04월 07일 초판 1쇄 발행
2025년 04월 21일 초판 2쇄 발행

—

지은이 박옥민
펴낸이 이상훈
펴낸곳 책밥
주소 11901 경기도 구리시 갈매중앙로 190 휴밸나인 A-6001호
전화 번호 031-529-6707
팩스 번호 031-571-6702
홈페이지 www.bookisbab.co.kr
등록 2007.1.31. 제313-2007-126호

—

기획 윤정아
진행 김효정
디자인 디자인허브
촬영 박옥민, 김태훙
모델 박옥민, 김지혜, 백휘진

—

ISBN 979-11-93049-63-1(13590)
정가 24,000원

책밥은 (주)오렌지페이퍼의 출판 브랜드입니다.

knitting and crochet

산뜻한 계절의 감성을 담은

봄여름 뜨개

박옥민 지음

책밥

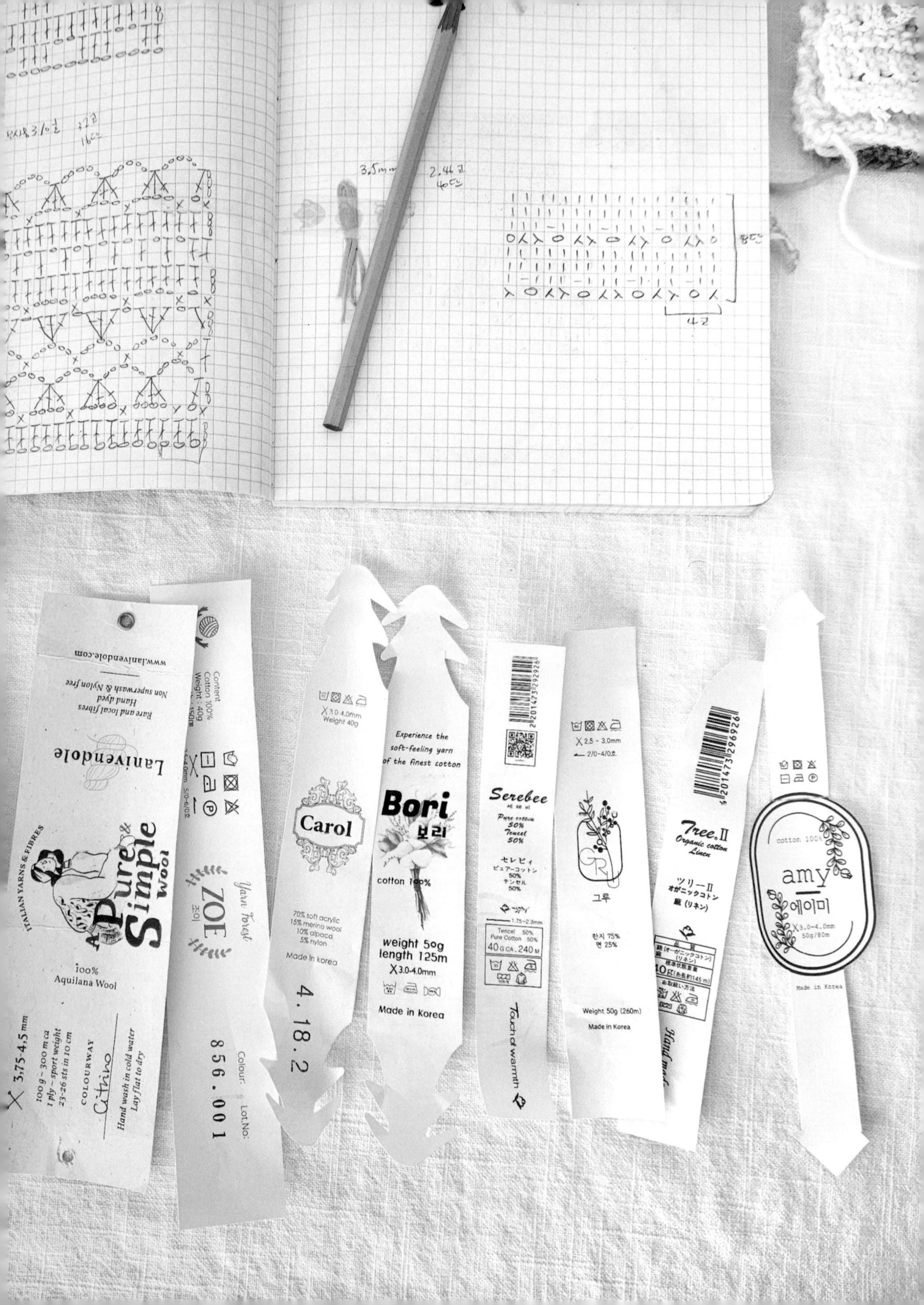
www.lanivendole.com
Non superwash & Nylon free
Hand dyed
Rare and local fibres
Lanivendole
ITALIAN YARNS & FIBRES
A Pure & Simple wool
100%
Aquilana Wool
3.75-4.5 mm
100 g - 300 m ca
1 ply - sport weight
23-26 sts in 10 cm
COLOURWAY
Citrino
Hand wash in cold water
Lay flat to dry
Content
Cotton 100%
Weight : 40g
ZOE
조이
Yarn Forest
Colour: Lot.No:
856.001
3.0-4.0mm
Weight 40g
Carol
70% soft acrylic
15% merino wool
10% alpaca
5% nylon
Made in korea
4.18.2
Experience the soft-feeling yarn of the finest cotton
Bori
보리
cotton 100%
weight 50g
length 125m
3.0-4.0mm
Made in Korea
Serebee
세레비
Pure cotton 50%
Tencel 50%
セレビィ
ピュアーコットン 50%
テンセル 50%
1.75-2.3mm
Tencel 50%
Pure Cotton 50%
40 G CA. 240 M
Touch of warmth
2.5 - 3.0mm
2/0-4/0호
GRU
그루
한지 75%
면 25%
Weight 50g (260m)
Made in Korea
Tree.II
Organic cotton Linen
ツリーII
オガニックコトン
麻（リネン）
Hand made
cotton 100%
amy
에이미
3.0-4.0mm
50g/80m
Made in Korea

프롤로그

많은 사람이 '뜨개'라고 하면 겨울을 떠올리지만 진정한 뜨개인은 사시사철 손을 쉬지 않습니다. 저 또한 뜨개를 사랑하는 사람으로서 봄과 여름에도 꾸준히 실을 고르고 패턴을 고민하며 작업해왔습니다. 프리다이빙을 취미로 둔 덕에 뜨거운 여름과 바다를 즐기기 위한 뜨개도 계속해왔어요. 하지만 여전히 대다수의 뜨개 도안은 가을과 겨울에 집중되어 있고 산뜻한 계절에 어울리는 도안은 상대적으로 적은 편이에요.

뜨개는 계절을 가리지 않고 우리 곁에 머물 수 있습니다. 가볍고 통기성 좋은 실을 사용하면 한여름에도 부담 없이 입을 수 있는 작품이 되고, 레이스 패턴이나 자연스러운 실루엣을 더하면 봄바람처럼 산뜻한 감성을 담아낼 수도 있어요. 그런 뜨개의 가능성을 더 많은 사람과 나누고 싶어 지금까지 작업한 도안들을 다시 정리하고 새로운 디자인을 추가하여 이 책을 준비하게 되었습니다.

쌀쌀한 초봄의 바람을 막아줄 카디건부터 부드러운 봄바람이 스치는 숄과 스카프, 한여름에도 시원하게 즐길 수 있는 볼레로와 톱까지 다양한 디자인을 담았습니다. 가벼운 코튼과 린넨, 통기성 좋은 실들을 활용해 봄과 여름의 빛과 공기가 그대로 작품에 녹아드는 순간을 경험해보세요. 계절이 바뀌어도 손끝에서 실이 이어지고, 한 코 한 코가 새로운 옷으로 완성되는 순간이 계속 될 거예요.

뜨개는 실과 바늘만 있으면 어디서든 시작할 수 있지만 그 과정에서 더 깊은 즐거움을 발견하게 됩니다. 단순한 손의 움직임을 넘어 나만의 감각을 찾아가는 여정이기도 하죠. 〈A Treasury of Knitting Patterns〉 시리즈를 비롯한 여러 뜨개 책을 집필한 바바라 G. 워커 여사

는 '뜨개 패턴의 다양성과 유연성은 사실상 무한대'라고 이야기합니다. 여러 패턴을 익히다 보면 자신만의 방식으로 다양한 패턴을 조합하여 독창적인 작품을 만들 수 있고, 그 과정이야말로 뜨개의 진정한 기쁨이자 최고의 성취라고 말합니다.

이 책을 만난 여러분도 단순히 도안을 그대로 따라 뜨는 것에 그치지 않고 자신만의 개성을 담아 응용해보았으면 합니다. 무늬를 바꿔보거나 길이를 조정해보는 것도 좋은 시작이 될 수 있어요. 뜨개는 매우 주관적인 취미입니다. 종종 도안에서 벗어나는 것을 두려워하거나 마음대로 하면 안 된다고 느끼는 분들을 만나게 됩니다. 하지만 뜨개는 나 자신을 위해 하는 것이지, 누군가에게 검사받거나 합격하기 위해 하는 것이 아닙니다. 뜨개가 처음이라면 도안 그대로 따르며 흐름과 기법을 익히고, 완성 후 마음에 들지 않는 부분이 있다면 스스로 질문을 던져보세요.

- 어느 부분이 거슬리는지?
- 왜 그런 느낌이 드는지?
- 어떻게 하면 그 부분을 개선할 수 있을지?

이런 고민의 과정이 쌓일수록 점점 더 자신만의 스타일을 찾아갈 수 있습니다. 뜨개는 배움의 연속이며 자신만의 답을 찾아가는 과정이 더욱 즐겁고 의미 있습니다. 무엇보다 뜨개가 나를 위한 시간이자 나만의 방식을 자유롭게 표현하는 과정이라는 점을 잊지 않았으면 합니다. 이 책이 여러분의 뜨개 여정에 작은 영감을 더할 수 있기를 바랍니다.

Contents

Part 2. 대바늘 뜨개

알아두면 좋은 뜨개 상식

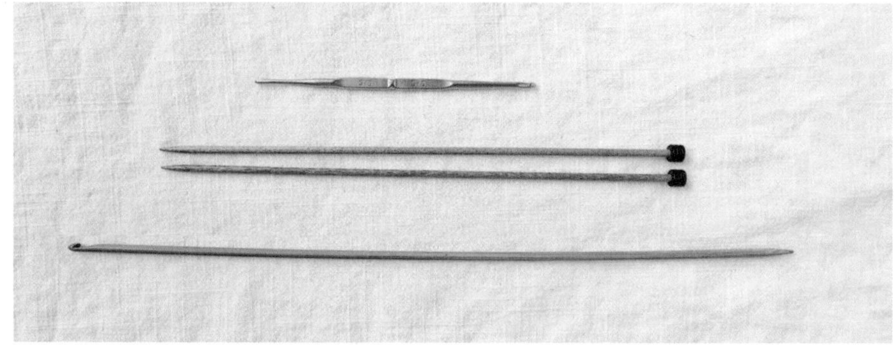

위에서부터 코바늘, 대바늘, 아프간 바늘

왼쪽부터 대바늘, 코바늘, 아프간 바늘로 뜬 편물 겉면

왼쪽부터 대바늘, 코바늘, 아프간 바늘로 뜬 편물 안면

대바늘, 코바늘, 아프간 뜨개의 차이

구분	대바늘 뜨개(Knitting)	코바늘 뜨개(Crochet)	아프간 뜨개(Tunisian Crochet)
사용 도구	대바늘 2개	코바늘 1개	아프간 바늘 1개
코 유지 방식	작업 중 모든 코가 바늘에 걸려 있음	한 코씩 뜨면서 진행	첫 단에서 모든 코를 바늘에 걸고, 두 번째 단에서 하나씩 빼냄
바늘 빠짐 시	바늘이 빠지면 코가 쉽게 풀림	바늘이 빠져도 편물이 쉽게 풀리지 않음	첫 단에서는 대바늘과 유사하게 코가 걸려 있음
기본 기법	겉뜨기(Knit), 안뜨기(Purl)	사슬뜨기(Chain), 짧은뜨기(Single Crochet), 한길긴뜨기(Double Crochet)	아프간 기법(Tunisian Simple Stitch, Knit Stitch, Purl Stitch)
겉/안 차이	고무뜨기, 가터뜨기 등 몇몇 무늬를 제외한 대부분의 무늬가 겉/안이 다름	겉/안의 구분이 쉽지 않은 경우가 더 많음	겉/안이 다름
편물 특징	신축성이 좋고 부드러움	조직이 탄탄하고 구조적	대바늘과 코바늘의 특징이 섞여 있음
사용 예시	스웨터, 카디건, 양말, 장갑 등	의류, 가방, 인형, 모티프, 레이스	의류, 블랭킷, 스카프, 실내화, 가방 등

뜨개는 크게 대바늘 뜨개, 코바늘 뜨개, 아프간 뜨개 이렇게 세 가지 기법으로 나뉩니다. 각 기법은 사용하는 도구와 방식이 다르며 혼동 없이 정확하게 구분하는 것이 좋습니다.

니트(Knit)는 대바늘 뜨개를 의미하며, 코바늘 뜨개와 혼동하지 않도록 주의해야 합니다. Knit라는 단어는 본래 '대바늘 뜨개로 짠 직물' 또는 '대바늘로 뜨다'라는 의미를 가지며, Knitter(니터) 역시 대바늘 뜨개를 하는 사람을 지칭하는 단어입니다. 그러나 한국에서는 영문 패턴이 유입되면서 '니트'라는 단어가 뜨개를 포괄적으로 의미하는 경우가 많아 코바늘 뜨개까지 니트라고 부르거나, 코바늘 뜨개를 주로 하는 사람을 니터라고 표현하는 일이 종종 있습니다. 하지만 대바늘 뜨개와 코바늘 뜨개는 기본 원리부터 사용하는 도구와 기법이 전혀 다르므로 이를 구분해 사용해야 합니다.

메리야스 무늬

메리야스 무늬(Stockinette Stitch)는 대바늘 뜨개에서 고무뜨기, 가터뜨기와 함께 가장 기본이 되는 무늬입니다. 편물의 겉면에서는 겉뜨기, 안쪽에서는 안뜨기만 보이는 조직입니다. 편뜨기(Flat Knitting) 방식에서는 겉뜨기 한 단과 안뜨기 한 단을 반복해 형성하며, 원형뜨기(Circular Knitting)에서는 모든 단을 겉뜨기로만 뜨면 동일한 조직이 만들어집니다.

이 명칭은 포르투갈어 meias 및 스페인어 medias(양말을 의미)에서 유래한 것으로 알려져 있습니다. 이 단어가 일본으로 전해지면서 メリヤス(메리야스)라는 형태로 변형되었고, 이후 한국에 유입되어 현재는 '메리야스'라는 단어가 뜨개 조직뿐만 아니라 니트 원단이나 속옷을 의미하는 단어로 정착되어 사용되고 있습니다.

그러나 일본을 거쳐 들어온 용어라는 점에서 일본식 표현이라는 인식이 있어, 기본무늬 또는 바탕무늬 등의 한국식 표현을 사용하거나, 원어 그대로 Stockinette Stitch(스토키넷 스티치)로 부르기도 합니다. 이 책에서는 '기본무늬'라고 부르겠습니다.

왼쪽부터 기본무늬, 1코 고무뜨기(폭이 좁고 길이가 길어짐), 가터뜨기(폭이 넓고 길이가 짧아짐)

기호와 차트 보기

뜨개 용어 정리

한국어	영어(해외 표기)	설명
게이지	Gauge/Tension	10cm(4인치) 안에 들어가는 코수와 단수를 의미하며 계산할 때는 1cm 안에 들어가는 코수, 단수로 환산하여 사용합니다. 예 10cm 안 24코 36단이라면 2.4코 3.6단으로 환산하여 계산
시접코	Edge Stitch/Selvage Stitch	따로 떠서 연결할 때 사용되는 가장자리 코, 1코를 주로 사용하지만 반듯한 선을 위해 2코를 사용하기도 합니다.
톱다운	Top-Down Knitting	네크라인에서 시작하여 아래로 떠내려가는 방식입니다.
보텀업	Bottom-Up Knitting	밑단에서 시작하여 네크라인으로 올라가며 뜨는 방식입니다. 보통 톱다운=심리스/보텀업=편뜨기로 구분하기도 하지만 그렇지 않은 경우도 있습니다.
무봉제 뜨기	Seamless Knitting	따로 떠서 연결하지 않고 한번에 뜨는 방식입니다. 주로 톱다운으로 래글런, 요크 디자인을 뜰 때 자주 사용합니다. 보텀업도 심리스로 뜰 수 있습니다.
편뜨기	Flat Knitting	편물을 앞뒤로 돌려가며 뜨는 방식입니다. 작업이 끝난 후 연결하는 과정이 필요합니다.
원형뜨기	Circular Knitting	줄바늘을 사용하여 무봉제 형태로 뜨는 방식입니다.
풀오버	Pullover	앞이 막혀 있는 기본적인 스웨터로 머리로 입고 벗는 디자인입니다.
스웨터	Sweater	풀오버와 유사하게 사용되지만 스웨터는 카디건 등을 포함하는 좀 더 넓은 개념입니다.
카디건	Cardigan	앞이 트여 있고 버튼이나 끈으로 여미는 니트웨어입니다.
볼레로	Bolero	어깨를 덮는 짧은 카디건 형태의 니트웨어입니다.
조끼	Vest(US)/Waistcoat(UK)	소매가 없는 상의, 정장 조끼부터 니트 베스트까지 포함합니다.
베스트	Vest(US)/Tank Top(UK)	니트 베스트 또는 캐주얼한 조끼 디자인을 뜻합니다.
슬립오버	Slipover	영국식 표현으로 소매가 없는 스웨터 같은 디자인입니다.
블로킹	Blocking	세탁 후 건조하면서 편물을 반듯하게 정리하는 과정을 말합니다.

도식 보는 법

대바늘 도식은 편물의 구조와 무늬를 시각적으로 표현하여 도안을 보다 직관적으로 이해할 수 있도록 돕는 도구로, 차트와 디자인을 단순화하여 선과 숫자로 표현한 것을 말합니다.

도안을 글로만 설명하면 내용이 복잡하고 길어질 수 있지만 도식을 활용하면 전체적인 진행 방향과 코줄임과 늘림, 무늬 반복 등을 한눈에 파악할 수 있어 작업 효율이 높아집니다. 또한 좌우 대칭 디자인이나 특정 형태(래글런, 요크, 어깨 경사 등)를 시각적으로 분석할 수 있어 사이즈 조절과 게이지 맞추기에도 유용합니다.

요즘 도안은 도식과 차트, 서술 설명을 함께하는 경우도 있어 예전처럼 도식에 많은 정보를 담지 않고 치수와 코수, 단수 정도만 표시하기도 합니다.

도식 확인 시 주의 사항

- 진행 방향을 확인합니다. 도안에 따라 진행 방향이 수직이 아닌 수평, 혹은 사선인 경우도 있습니다.
- 시작이 어디인지 확인합니다. 톱다운은 넥밴드나 네크라인부터 시작하며, 보텀업은 밑단이나 몸판의 아래쪽부터 시작합니다. 그 외에도 디자인에 따라 시작이 다를 수 있으니 도안을 전체적으로 꼼꼼히 읽은 후 시작하는 것이 좋습니다.
- 바늘 사이즈를 확인합니다. 부분별로 바늘 사이즈가 달라지는 경우가 있습니다.
- 좌우 대칭을 확인합니다. 진동 줄임, 네크라인 줄임은 좌우 대칭이 되도록 줄임, 늘림이 이루어져야 합니다. 줄임 방법이 한쪽에만 표시되어 있어 한쪽만 줄이거나 늘리는 실수를 할 수도 있으니 주의해야 합니다.

도안 읽는 법

뜨개 도안에서 '2-1-4'와 같은 표시를 종종 보게 됩니다. 줄임이나 늘림을 간단하게 표시한 방법으로 '2단째마다 1코씩 4번'이란 의미가 됩니다. 경우에 따라 '2코마다 1코씩 4번'이란 뜻이 되기도 합니다. 래글런 늘림에 이 표시가 있다면 '2단째마다 1코씩 4번 늘림'이란 뜻이 되고, 한 단을 뜨면서 코늘림이나 줄임을 할 때 사용되었다면 '2코마다 1코씩 4번' 늘림 또는 줄임이 됩니다. 사용되는 위치에 따라 의미가 달라질 수 있으니 꼭 전체 설명과 차트를 함께 보며 작업하도록 합니다.

예 아래와 같이 여러 단계가 한꺼번에 표시되기도 합니다. 이런 경우는 다음과 같이 뜹니다.

④ 34단

③ 4-1-2

② 2-1-4

① 5코 막음

번호 순서에 따라 아래 설명부터 뜨기 시작합니다.

① 5코 막음을 합니다.

② 2단째마다 1코씩 줄이는 것을 4번 반복합니다. 2단마다 4번이니 8단이 소요되고, 1코씩 4번 줄이므로 총 4코가 줄어듭니다.

③ 4단마다 1코씩 2번 줄입니다. 4단마다 2번이므로 8단이 소요되고, 1코씩 2번 줄여 총 2코가 줄어듭니다.

④ 34단을 줄임 없이 뜹니다.

줄어드는 코수는 ①에서 5코 + ②에서 4코 + ③에서 2코 = 총 11코입니다.

전체 단수는 ②에서 8단 + ③에서 8단 + ④에서 34단 = 총 50단이 소요됩니다.

①의 줄임은 진동 전 몸판의 마지막 단에서 덮어씌우게 되므로 진동줄임 단수에 포함되지 않습니다. 도안에 따라 이 부분을 '1-5-1'로 표시하기도 합니다. 이럴 경우는 몸판의 단수도 홀수가 됩니다.

도안에 따라 화살표로 진행 순서를 표시하기도 합니다.

4-1-2	4-1-2
6-1-3	6-1-3
8-1-5 ↑	8-1-5 ↓
8-1-5를 먼저 뜨고	4-1-2를 먼저 뜨고
6-1-3, 4-1-2 순으로 뜹니다.	6-1-3, 8-1-5 순으로 뜹니다.

사이즈 표기

도안에서 여러 사이즈가 제공될 때 코수와 단수를 한 번에 표기하는 방식이 있습니다. 예를 들어, 작품 사이즈가 85, 90, 95, 100 이렇게 네 가지가 있는 경우 85(90, 95, 100)와 같이 표시합니다. 앞 숫자인 85는 가장 작은 사이즈이며 괄호 안에 나머지 사이즈(90, 95, 100)가 차례로 표기됩니다.

도안에 따라 특정 사이즈는 특정 과정을 진행하지 않거나, 코늘림 혹은 줄임이 없는 경우 '0' 또는 '-'로 표시하기도 합니다. 이는 '해당 사이즈에서는 이 단계를 건너뛴다'는 의미입니다.

예 코줄임 4(6, 8, 0)코 줄임 → 100사이즈에서는 코 줄임이 없음(0이므로 해당 부분을 진행하지 않음)
추가 반복 단수: - (-, 6, 8)단 추가 → 85, 90사이즈는 추가할 단이 없으므로 다음 단계로 넘어갑니다.

반복 패턴이나 코수 증감 표기법

일정 무늬가 반복되거나 코수의 가감이 있을 때는 괄호를 사용하여 표시합니다.

예 반복되는 무늬 설명: 겉뜨기 2코, 안뜨기 3코가 4번 반복되는 무늬일 경우
→ [겉뜨기 2코, 안뜨기 3코]를 4번 반복 혹은 [겉2, 안3]×4

예 일정한 간격으로 코수 늘림: [5코마다 1코 늘림]을 4번 반복 혹은 [5코마다 1코 늘림] x 4
→ 5코 뜨고 1코 늘림, 5코 뜨고 1코 늘림, 5코 뜨고 1코 늘림, 5코 뜨고 1코 늘림

코수를 줄일 때도 같은 방법으로 표시하지만 실제로 뜰 때는 약간 차이가 있습니다. [5코마다 1코 줄임]을 4번 반복이라고 했을 때, '1코를 줄인다'는 의미는 2코를 한꺼번에 뜨거나 덮어씌워서 1코로 만든다는 뜻이기 때문에 코늘림 때처럼 '5코 뜨고 1코 줄임'을 하게 되면 총 7코를 사용하게 됩니다. 따라서 코줄임을 할 땐 [3코 뜨고 2코 한꺼번에 겉뜨기(혹은 덮어씌우기)]를 4번 반복하여 뜨면 됩니다.

코바늘 기호 읽는 법

사슬뜨기 ○	시작 부분은 편물의 방향과 수평 방향(가로), 기둥코일 때는 편물의 방향과 수직 방향(세로)입니다.
짧은뜨기 ✕ +	X 형태 혹은 + 형태의 기법입니다.
긴뜨기 T	짧은뜨기보다 길고 한길긴뜨기보다 짧습니다. 편물에 경사를 만들 때 짧은뜨기 → 긴뜨기 → 한길긴뜨기 순으로 배열하여 사용하기도 합니다.
한길긴뜨기	코바늘 무늬에서 가장 많이 사용되는 기호로 편물에 코바늘을 찌르기 전 바늘에 실을 한 번 걸어 뜨는 방법입니다. 무늬에 따라 다양한 형태의 기호로 변형됩니다.
두길긴뜨기 세길긴뜨기	바늘에 실을 감는 횟수로, 많이 감을수록 길이가 길어집니다.
빼뜨기 ●	단을 마무리할 때 첫 번째 코와 마지막 코를 연결해주는 기능을 합니다.
짧은뜨기 코늘림	같은 코에 짧은뜨기를 2번 뜹니다. 같은 방법으로 3코나 4코를 뜨기도 합니다.
짧은뜨기 코줄임	2코를 한번에 떠서 1코를 줄이는 방법입니다.
한길긴뜨기 코늘림	같은 코에 한길긴뜨기를 2번 떠서 1코를 늘리는 방법입니다.
한길긴뜨기 코줄임	2개의 코를 1코로 줄이는 방법입니다.
3코 모아뜨기	3코를 1코로 줄이는 방법으로, 주로 무늬뜨기에 사용됩니다.
5코 방울뜨기	1코에 한길긴뜨기 5코를 온전히 뜬 후 첫 번째 코와 마지막 코를 빼뜨기로 연결하여 입체감 있게 만드는 기법입니다.

코바늘 차트 보는 법

코바늘의 시작은 대부분 사슬뜨기입니다. 일반적인 편뜨기에서는 사슬뜨기가 연달아 있는 부분이 시작점이 됩니다. 편뜨기가 아닌 모티프나 도일리처럼 원형으로 시작하는 경우는 차트의 중심이 시작점이 됩니다. 각 단의 시작은 기둥코가 있는 지점에서 반대편으로 진행합니다. 화살표로 진행 방향을 표시하기도 하지만 화살표가 없다면 기둥코가 있는 곳을 찾으면 됩니다.

각 단의 높이를 맞추기 위해 뜨는 사슬코를 '기둥코'라고 합니다. 기둥코의 개수는 짧은뜨기는 사슬뜨기 1코, 긴뜨기는 2코, 한길긴뜨기는 3코를 사용합니다. 짧은뜨기 단의 기둥코는 코로 인정되지 않지만 그 이상의 기둥코(긴뜨기, 한길긴뜨기, 두길긴뜨기 등)에서는 기둥코가 1코로 인정됩니다.

원형뜨기는 매 단을 빼뜨기로 마무리한 후 다음 단이 떠지기도 하고, 빼뜨기 없이 나선형으로 단이 이어지기도 하니 주의가 필요합니다. 같은 기호라도 위치나 쓰임에 따라 크기나 모양이 다르게 표시되거나 뜨는 도중 시작점이 바뀌는 경우도 있습니다. 그럴 땐 바늘에 걸려 있는 마지막 실고리를 크게 만들어 편물이나 실을 빼내어 매듭을 짓고 새로운 시작점에서 빼뜨기로 실을 연결한 후 다음 과정을 진행합니다.

대바늘 기호 읽는 법

∣	편물 겉면에서 겉뜨기, 편물 안면에서 안뜨기 합니다.
╱ ╲	전후의 코늘림이나 코줄임을 통해 사선으로 기울어지는 코를 표시합니다. 겉뜨기 기호와 동일하게 편물 겉면에서는 겉뜨기, 편물 안면에서는 안뜨기로 뜹니다.
−	편물 겉면에서 안뜨기, 편물 안면에서 겉뜨기 합니다.
□	차트의 가독성을 높이기 위해 겉뜨기 혹은 안뜨기를 빈칸으로 표시하기도 합니다. 예 꽈배기 무늬에서 안뜨기를 빈칸으로 표시
없는 코	입체적인 도안에서 종종 사용됩니다. 코가 늘거나 줄어드는 위치의 빈 공간을 의미합니다.
바늘비우기 ○	바늘에 실을 걸치거나 감아서 만듭니다. 손이 느슨한 편이라면 걸쳐서, 손이 촘촘한 편이라면 감아서 만드는 것을 추천합니다.
덮어씌우기 ●	겉뜨기로 뜨면서 덮어씌우거나 코바늘을 사용하여 덮어씌웁니다.
걸러뜨기 V	편물 겉면에서는 실이 편물 뒤에 있는 상태에서 겉뜨기 뜨듯이, 편물 안면에서는 실이 편물 앞에 있는 상태에서 안뜨기 뜨듯이 코에 바늘을 찔러 넣어 뜨지 않고 오른쪽 바늘로 옮깁니다.
손가락걸기코	실을 엄지나 검지손가락에 감고 오른쪽 바늘을 실의 아래에서 위로 넣어 고리를 만들어줍니다.
M1L	코와 코 사이의 실을 왼쪽 바늘로 편물 앞쪽에서 뒤쪽으로 가로질러 들어 올린 후 꼬아서 겉뜨기(혹은 안뜨기) 합니다.
M1R	코와 코 사이의 실을 왼쪽 바늘로 편물 뒤쪽에서 앞쪽으로 가로질러 들어 올린 후 꼬아서 겉뜨기(혹은 안뜨기) 합니다.

왼코겹치기	2코 한꺼번에 겉뜨기(-1코) 합니다.
오른코겹치기	1코를 뜨지 않고 오른쪽 바늘로 옮긴 후 다음 코를 겉뜨기, 옮긴 코로 덮어씌우기(-1코) 합니다.
중심 3코 모아뜨기	1, 2번을 한꺼번에 겉뜨기 하듯이 오른쪽 바늘로 옮긴 후 3번째 코를 겉뜨기, 옮긴 2코로 덮어씌우기(-2코) 합니다.
	1코를 뜨지 않고 옮기고 다음 2코를 한꺼번에 겉뜨기, 옮긴 코로 덮어씌우기(-2코) 합니다.
	3코를 한꺼번에 겉뜨기(-2코) 합니다.
	왼쪽 바늘에 걸린 첫 번째 코의 한 단 아래 코를 끌어올려 겉뜨기, 첫 번째 코를 겉뜨기(+1코) 합니다.
	오른쪽 바늘에 걸려있는 마지막 코의 한 단 아래 코를 끌어올려 겉뜨기(+1코) 합니다.
, 3	1코에 겉뜨기 1코를 뜨고, 바늘을 빼지 않은 상태에서 바늘비우기, 다시 한번 같은 코에 겉뜨기 합니다. 2코가 늘어납니다. 바늘비우기 한 코는 다음 단에서 안뜨기(혹은 겉뜨기)로 뜹니다.
	앞의 2코를 뒤로 보내고 다음 2코를 겉뜨기, 뒤로 보냈던 2코를 겉뜨기 합니다.
4단 2단 1단	**1단(편물 안면):** 모두 안뜨기 **2단(편물 겉면):** 왼코겹치기, 바늘비우기 1번, 오른코겹치기 **3단:** 2단의 오른코겹치기 했던 코를 안뜨기, 바늘비우기 했던 공간에 [안뜨기 1코, 겉뜨기 1코], 왼코겹치기 했던 코를 안뜨기 **4단:** 모두 겉뜨기
	왼쪽 바늘에 걸린 세 번째 코를 오른쪽 바늘로 들어 올려 1, 2번 코를 덮어씌웁니다. 1번 코를 겉뜨기, 바늘비우기, 2번 코를 겉뜨기 합니다.

	왼쪽 바늘에 걸린 첫 번째 코에 다음의 2, 3, 4, 5번 코를 오른쪽 바늘로 들어 올려 순서대로 덮어씌웁니다. 모두 덮어씌우면 첫 번째 코를 겉뜨기 합니다. 5코에서 1코로 줄어듭니다.
|||||	편물 안면일 때 안뜨기 5코를 뜹니다. 편물 겉면일 때 겉뜨기 5코를 뜹니다.
5	1코에 겉뜨기를 뜨고 바늘을 빼지 않은 상태에서 [바늘비우기, 겉뜨기 1코]를 2번 반복합니다. 1코에서 4코가 늘어나 5코가 됩니다.
	1코에 겉뜨기를 뜨고 바늘을 빼지 않은 상태에서 [바늘비우기, 겉뜨기 1코]를 2번 반복, 마지막 5번 코에 4, 3, 2, 1번 순서로 덮어씌우기 합니다.

대바늘 차트 보는 법

뜨개 도안은 도식과 차트, 설명으로 이루어져 있으므로 차트 보는 법을 익히면 뜨개 도안을 쉽게 이해할 수 있습니다. 한국에서는 JIS(Japanese Industrial Standards) 기호가 많이 쓰이고 있지만 작가나 출판사에 따라 다른 기호를 사용하기도 합니다. 따라서 도안을 시작하기 전에 기호 설명을 충분히 숙지해야 합니다.

차트는 보이는 쪽을 기준으로 만들어지는데 대바늘은 겉쪽과 안쪽의 무늬가 다릅니다. 또한 진행 방향에 따라 겉면과 안면이 달라집니다. 예를 들어 겉면에서 겉뜨기로 뜬다면 안면에서 안뜨기로 보이고, 반대로 겉면에서 안뜨기로 뜨면 안면에서는 겉뜨기로 보입니다. 따라서 겉면에서 모두 겉뜨기로 보이길 원한다면 안면에서는 안뜨기로 떠야 겉면에서 겉뜨기로 보입니다. 이런 점 때문에 뜨개를 처음 하는 사람은 차트의 기호와 실제 뜨는 방법을 혼동하는 경우가 많습니다.

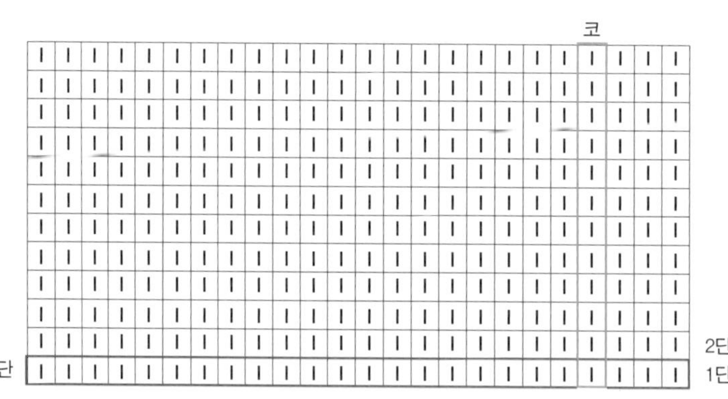

이 차트는 기본무늬 차트입니다. 모든 코가 겉뜨기 기호로 표시되어 있습니다. 차트를 볼 때는 가장 먼저 진행 방향을 확인합니다.

→ : 왼쪽에서 오른쪽으로 향하는 화살표는 안면에서 뜨는 단을 표시합니다. 차트의 왼쪽 끝에서 오른쪽으로 진행하면서 기호의 반대로 뜹니다.

← : 오른쪽에서 왼쪽으로 향하는 화살표는 겉면에서 뜨는 단을 표시합니다. 차트의 오른쪽에서 왼쪽으로 진행하면서 기호대로 뜹니다.

진행 방향에 따라 홀수 단이 겉면이 되기도 하고, 짝수 단이 겉면이 되기도 합니다. 차트에 진행 방향이 표시되어 있지 않다면 대부분 무늬 기호가 있는 단이 겉면입니다.

다음은 기본무늬와 가터무늬 차트입니다. 차트와 1, 2단 뜨는 방법을 비교해보세요.

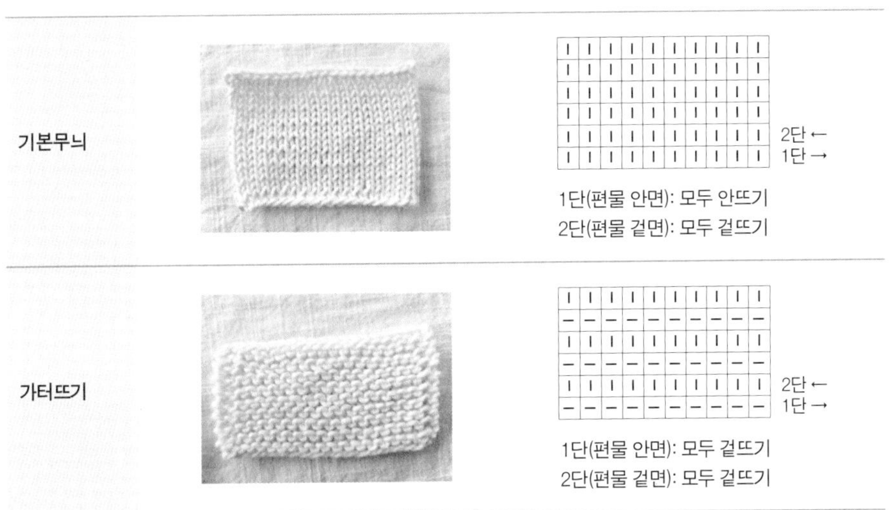

편뜨기의 기본무늬는 모든 기호가 겉뜨기로 표시되어 있지만 뜨는 법은 1단과 2단이 다릅니다. 가터뜨기는 기호는 겉뜨기와 안뜨기가 한 단씩 번갈아 있지만 뜨는 법은 모두 겉뜨기입니다. 원통뜨기는 항상 겉면을 보며 작업하므로 모든 단을 오른쪽에서 왼쪽으로 진행하면서 기호 그대로 작업합니다. 기본무늬는 모든 단을 겉뜨기로, 가터뜨기는 겉뜨기 1단과 안뜨기 1단을 반복해야 합니다.

사용한 실

왼쪽부터 수리 스폿 300, Tree II, 그루, 모헤어 실로 뜬 무늬

뜨개에서 실은 가장 중요한 요소 중 하나입니다. 같은 도안이라도 어떤 실을 사용하느냐에 따라 분위기가 완전히 달라질 수 있으며 이 책에서 소개한 작품과는 또 다른 느낌의 작품을 완성할 수도 있습니다. 실의 소재와 질감, 색상이 달라지면 패턴이 강조되거나 부드러워지고 착용감과 드레이프도 크게 달라질 수 있습니다. 예를 들어 여름용 크로쉐 톱을 부드럽고 기모감 있는 실로 뜨면 가을·겨울용 조끼로 활용할 수 있어요.

책에 수록된 도안은 봄·여름 기준으로 만들었지만 실의 소재를 바꾸면 가을·겨울에도 충분히 입을 수 있습니다. 또한 책에서 사용한 실과 같은 제품을 선택하는 것이 가장 안정적이지만 비슷한 느낌을 주면서도 자신의 취향을 반영하고 싶다면 무게당 길이(예 100g당 400m)가 비슷한 실을 선택하는 것이 중요합니다. 실의 굵기가 비슷하면 책의 작품과 큰 차이 없이 같은 실루엣을 구현할 수 있으며, 색다른 소재를 선택하면 도안이 주는 인상이 달라지면서 새로운 느낌을 낼 수도 있습니다.

단, 작업의 편안함과 완성도를 위해 게이지가 최대한 비슷하게 나오는 실을 선택하는 것이 중요하니 실의 굵기와 무게당 길이를 꼭 확인하길 권합니다. 디자인에 따라 굵은 실을 촘촘히 작업하여 탄탄한 편물을 구현하거나 가는 실을 굵은 바늘로 떠서 포근한 느낌을 살리기도 합니다. 또 아란 무늬나 페어아일 무늬는 기본무늬에 비해 게이지가 촘촘하게 나옵니다. 따라서 게이지만으로 실의 굵기를 판단하지 않고 게이지와 사용된 실의 무게당 길이를 모두 확인하여 작품의 분위기를 파악한 후 실을 고르는 것도 중요합니다.

실의 쓰임은 사용하는 사람에 따라 변할 수 있습니다. 대바늘용 실, 코바늘용 실은 따로 정해져 있지 않으며 여름 실과 겨울 실을 꼭 구분하여 사용할 필요도 없습니다. 같은 실이라도 어떤 패턴을 어떻게 조합하느냐에 따라 완전히 새로운 작품이 탄생할 수 있습니다. 이 책에 소개된 내용은 어디까지나 가이드일 뿐이며 정해진 답은 없습니다. 자유롭게 실을 선택하고 자신만의 감각을 더해 뜨개의 가능성을 넓혀보세요.

작품에 사용된 실

1 핑거링 손염색실

4ply high twist(100g 425m, 슈퍼워시 메리노 75%, 나일론 25%): 강한 꼬임으로 탄성과 강도가 높고 매끈한 촉감입니다. 살짝 광택이 있어 양말이나 레이스 숄을 뜨기 적당하며 다른 실과 합사해 작업하기도 합니다.

single(100g 366m, 슈퍼워시 메리노 100%): 1ply로 꼬임이 적고 부드러우며 세탁 후 편물이 조금 더 통통해지는 특징이 있습니다. 꼬임이 적기 때문에 보풀이 생기기 쉽지만 싱글얀만의 볼륨과 부드러움이 뜨개의 느낌을 더 풍부하게 살려줍니다.

2 모헤어 손염색실(50g 420m, 키드모헤어 72%, 실크 28%): 앙고라 염소에게서 얻은 길고 풍성한 털로 실 자체는 가늘지만 몽글몽글한 질감으로 볼륨감 있는 편물을 만들 수 있습니다. 다른 실과 합사하여 보온성을 높이는 용도로 자주 사용됩니다. 털 날림과 털 빠

짐이 있으니 예민한 편이라면 피하는 게 좋습니다. 기계 세탁이나 건조를 했다면 세탁기 내부를 꼭 청소해야 합니다. 내부에 남은 털이 다른 세탁물에 묻어날 수 있습니다.

3 성남섬유 보리(50g 125m, 면 100%): 꼬임이 강하지 않은 부드러운 면사로 코바늘, 대바늘에 모두 적합한 실입니다. 특히 대바늘 작업 시 가볍고 부드러운 느낌의 편물이 완성되어 간절기 의류를 작업하기 적당합니다.

4 얀포레스트 Zoe(50g 150m, 면 100%): 납작한 튜브 형태의 매끈한 면사로 사각사각하고 시원한 느낌을 줍니다. 의류와 소품을 작업하기에 적당합니다.

5 얀포레스트 그루(50g 260m, 한지 75%, 면 25%): 종이실의 약한 강도를 보완하기 위해 사슬뜨기 형태로 만들어진 실입니다. 가볍고 사각사각해 몸에 달라붙지 않아 시원한 실이에요. 세탁 후 밀도가 높아지면서 약간의 수축이 생길 수 있으니 반드시 시험뜨기를 하여 세탁 전후를 비교해 작업합니다. 세탁 후에는 반드시 원하는 사이즈와 형태로 모양을 잡아 건조합니다.

6 야실 세레비(40g 240m, 면 50%, 텐셀 50%): 가늘고 부드러운 촉감의 실입니다. 텐셀이 섞여 찰랑하고 매끄러운 실크의 느낌을 가지고 있습니다. 실의 특성상 드레이프가 강하고 뜨개 작업 시 코가 잘 빠질 수 있습니다. 대바늘 작업을 한다면 금속 바늘보다는 나무 소재의 바늘을 추천합니다.

7 야실 Tree Ⅱ(40g 145m, 오가닉 코튼 55%, 린넨 45%): 꼬들꼬들한 느낌의 꼬임이 강한 실입니다. 몸에 달라붙지 않아 시원한 편물을 만들 수 있습니다. 면과 린넨을 반반씩 섞어 두 장점을 모두 살린 실로 의류부터 소품까지 폭넓게 사용할 수 있어요. 다만 린넨 섬유 특성상 잔사가 떨어질 수 있으니 민감한 편이라면 피하는 게 좋습니다.

8 얀포레스트 Heather(50g 125m, 면 72%, 아크릴 16%, 울 12%): 면사를 연사하면서 솜 형태의 울을 함께 꼬아 만든 실입니다. 면사와 울의 미세한 색상 차이로 인해 은은한 투톤 효과가 나타나며 실 전체가 기모로 둘러싸여 있어 포근하고 부드러운 촉감을 느낄 수 있어요. 대바늘, 코바늘 두루두루 사용하기 좋은 실입니다.

9 썬모사 모나미(50g 100m, 면 100%): 통통하고 귀여운 느낌의 베이직한 면사로 의류부터 소품까지 다양하게 활용할 수 있는 실입니다.

10 Lanivendole A Pure Simple Wool Latte e Menta(100g 300m, Aquilana Wool 100%): 이탈리아 아브루초 지역에서 자란 Aquilana 품종의 양털로 만든 실로 1가닥으로 이루어진 싱글얀입니다. 유연한 탄성과 포근함이 특징이며 꼬임이 거의 없고 실의 굵기가 일정하지 않아 편물의 느낌이 자연스러워요. 강하게 세탁할 경우 펠팅(축융)이 될 수 있으니 부드럽게 손세탁하는 것을 권합니다.

11 Schachenmayr Tuscany Tweed(50g 170m, 울 55%, 비스코스 30%, 알파카 15%): 비스코스와 알파카를 혼방해 자연스러운 색감과 빈티지한 감성을 살린 트위드 실입니다. 트위드 특유의 투톤 컬러감과 네프 조직이 살아 있어 클래식한 분위기를 연출할 수 있으며 부드러운 촉감과 따뜻한 보온성으로 사계절 내내 활용하기 좋은 실입니다. 알파카가 혼방되어 털 빠짐이나 털 날림이 있을 수 있습니다.

12 Fonty Moustache(50g 225m, 메리노울 50%, 키드실크모헤어 30%, 실크 20%): 키드실크모헤어와 실크가 혼방되어 매우 부드럽고 은은한 광택이 특징입니다. 세탁 후 모헤어의 기모가 발현되어 보송한 기모가 더욱 살아납니다. 털 빠짐, 털 날림에 민감하다면 피하는 게 좋아요. 레이시한 숄이나 간절기용 의류 혹은 다른 실과 합사하여 작업하면 좋은 실이에요.

13 Knitree Suri Sport 300(100g 300m, 수리알파카 50%, 메리노울 50%): 수리알파카와 메리노울의 장점이 반반씩 섞인 부드럽고 우아한 느낌의 실입니다. 모헤어보다는 덜하지만 털 날림과 털 빠짐 현상이 있으니 민감한 편이라면 피하는 게 좋습니다.

실 소요량 계산

실을 새로 구입하는 경우 작품의 도안에 사용된 실의 무게와 길이, 소요량을 참고하여 비슷한 길이의 실을 준비하되 1~2볼 정도 여유 있게 구입합니다.

실 소요량 계산 시 실의 굵기와 길이를 확인해야 합니다. 같은 굵기여도 실의 밀도에 따라 길이가 달라질 수 있어요. 도안에서 제시한 게이지와 실제 작업 게이지가 다르면 실 소비량이 달라지고, 뜨는 방식에 따라서도 소비량이 달라집니다. 같은 실, 같은 사이즈라도 무늬에 따라 소요량이 달라지기 때문에 주의가 필요합니다. 예를 들어 꽈배기 무늬는 기본무늬보다 실 소요량이 많고 레이스 무늬는 기본무늬보다 소요량이 적습니다.

도안의 실 소요량과 비교하여 비율 계산하기

1 도안에 사용된 실의 무게(g), 길이(m), 사이즈별 소요량을 확인합니다.

2 (도안의 소요량 × 도안 실의 길이)를 계산하여 총 필요 길이(m)를 구합니다.

3 (총 필요 길이 ÷ 내가 사용할 실의 길이)를 계산하여 필요한 실의 개수를 구합니다.

예 1. 도안에 사용된 실은 1타래 100g 250m이며 90사이즈 소요량이 3타래일 때, 내가 사용하려는 실은 1볼 50g 110m라면

2. 3타래 × 250m = 750m

3. 750m ÷ 110m = 6.81 → 7볼이 필요합니다.

용도별 추천 실

구분	특징	추천 실
가을·겨울 의류 (스웨터, 카디건 등)	보온성과 신축성이 뛰어난 실이 적합	메리노울, 알파카, 캐시미어, 코튼
봄·여름 의류	통기성이 좋고 땀을 잘 흡수하는 실이 적합	코튼, 린넨, 대마

양말	내구성이 강하고 탄성이 좋은 실이 적합	나일론 혼합 울, 하이 트위스트 울
가방	탄탄한 조직이 유지되는 실이 적합	테이프얀, 라탄, 대마
인형&아미구루미	단단한 조직이 유지되며 변형이 적은 실이 적합	면사, 아크릴
스카프&모자	보온성이 좋고 부드러운 실이 적합	모헤어, 울, 알파카
블랭킷&홈데코	부드럽고 세탁이 용이한 실이 적합	부클레, 퍼지얀, 아크릴

사용한 도구

대바늘

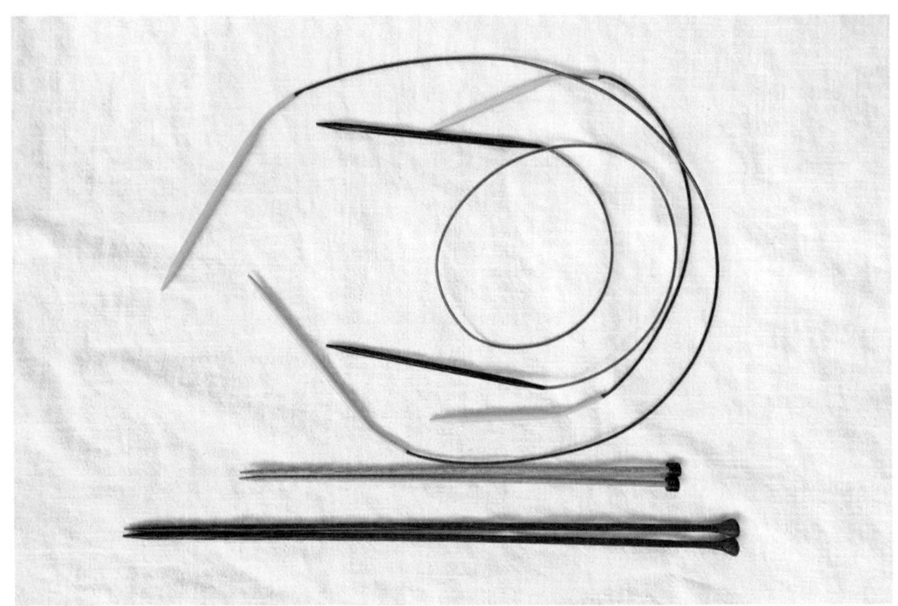

대바늘은 소재, 길이, 형태, 조립 방식에 따라 다양한 종류가 있으며 프로젝트에 따라 적절한 선택이 필요합니다. 소재는 대나무와 나무, 금속, 플라스틱과 카본 등으로 나뉘며 길이는 일반 대바늘과 줄바늘로 구분됩니다. 줄바늘은 케이블 길이에 따라 용도가 달라 20~40cm는 모자나 장갑 등 작은 원형뜨개에, 60~80cm는 스웨터와 숄에, 100cm 이상은 담요와 같은 대형 프로젝트에 적합합니다.

뜨는 사람에 따라 각 특징이 단점 혹은 장점으로 여겨지기도 합니다. 나무 바늘이 코가 빠지지 않아 좋다고 느끼기도 하고 뜨는 속도가 나지 않아 불편하게 느낄 수도 있습니다. 바늘을 선택할 때는 단품으로 구입해 나에게 잘 맞는지 확인한 후 세트로 구입하는 것을 추천합니다.

소재별 구분

소재	용도	장점	단점
대나무 바늘	초보자 또는 미끄러지기 쉬운 실 사용할 때	가볍고 손에 잘 맞으며 실이 미끄러지지 않음	마모되기 쉬움
나무 바늘	부드러운 촉감을 원할 때	따뜻한 촉감, 실이 쉽게 미끄러지지 않아 컨트롤하기 좋음	금속 바늘보다 내구성이 낮고 굵은 바늘은 무거울 수 있음
금속 바늘	속도를 내고 싶을 때	실이 부드럽게 미끄러져 뜨개 속도가 빠름	너무 미끄러워 초보자에게는 어려울 수 있음
플라스틱 바늘	가벼운 바늘이 필요할 때	가볍고 경제적이며 손이 덜 피로함	내구성이 낮고 얇은 바늘은 쉽게 휘어짐
카본 바늘	가벼우면서 튼튼한 바늘이 필요할 때	가볍고 강도가 높아 휘어지지 않음	가격이 비쌈
아크릴 바늘	초보자 연습용	저렴하고 가벼움	내구성이 낮고 표면이 매끄럽지 않을 수 있음

길이별 구분(줄바늘 기준)

길이	용도	장점	단점
23~30cm	양말, 장갑, 소매, 작은 모자	작은 원형뜨개에 적합, 장갑바늘(DPN) 없이 작업 가능	바늘 길이가 짧아 손이 불편할 수 있음
40cm	모자, 소매, 목 둘레 뜨기	원형뜨개에 적합, 짧은 프로젝트 빠르게 완성 가능	평면뜨개에는 사용하기 어려움
60cm	짧은 숄, 성인 스웨터 몸판, 넉넉한 목 둘레 뜨기	원형뜨개와 평면뜨개 모두 가능, 다용도 활용	작은 소품을 뜨기에는 불편할 수 있음
80cm	숄, 카디건, 스웨터 몸판, 매직 루프 사용 가능	가장 많이 사용되는 길이, 매직 루프 기법으로 작은 원형뜨개 가능	익숙하지 않으면 매직 루프가 불편할 수 있음
100~120cm	담요, 대형 숄, 롱코트, 원형뜨개 매직 루프 활용	매우 큰 프로젝트 작업 가능, 넓은 평면뜨개 가능	길이가 너무 긴 경우 다루기 번거로울 수 있음

형태별 구분

길이	용도	장점	단점
일반 대바늘	평면뜨개(목도리, 스웨터 조각)	초보자가 사용하기 쉽고 기본적인 뜨개에 적합	큰 작품을 뜰 때 코를 담기 어려움
줄바늘	원형뜨개(모자, 스웨터, 담요) 및 평면뜨개	다양한 용도로 활용 가능, 손목 부담이 적음	초보자는 줄이 꼬이는 문제를 겪을 수 있음
장갑 바늘	양말, 장갑, 모자 등 작은 원형뜨개	바늘을 따로 연결할 필요 없이 바로 원형뜨기 가능	여러 개의 바늘을 다루는 것이 익숙하지 않으면 어렵게 느껴질 수 있음

코바늘

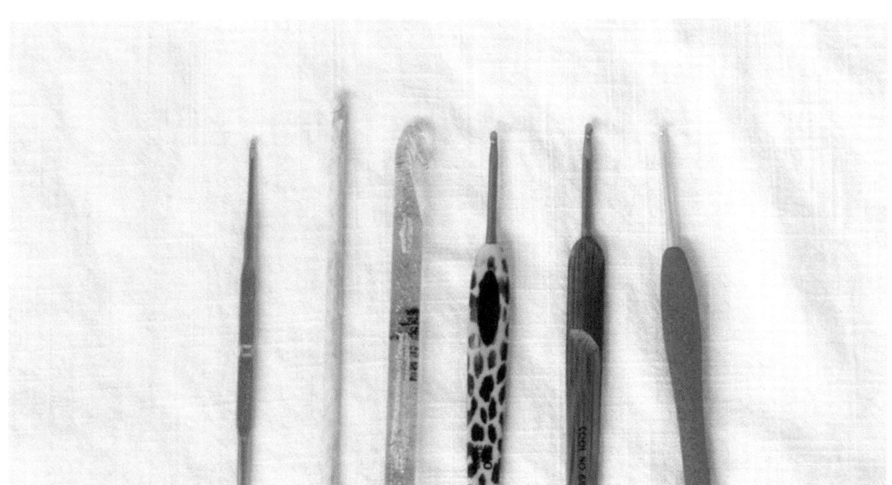

왼쪽부터 금속, 상아, 플라스틱, 납작한 형태, 대나무, 고무 손잡이

코바늘은 대부분 금속 바늘이 사용되고 있으며 손잡이에 따라 다양한 형태가 있습니다. 가는 실을 이용한 가벼운 편물을 빠르게 작업하기 위해서는 손잡이가 없거나 굵지 않은 바늘이 적합하며, 굵고 힘 있는 실 혹은 인형이나 가방처럼 탄탄한 작업을 위해서는 손잡이가 있는 바늘이 적당합니다.

손잡이 형태	특징	장점	단점
일반형 손잡이 (금속/상아/플라스틱)	가장 기본적인 디자인, 전통적인 코바늘	가볍고 휴대성이 좋음, 가격이 저렴함	손목에 부담이 갈 수 있음, 장시간 사용 시 피로감이 큼
고무/실리콘 손잡이	손목 보호, 장시간 뜨개질	그립감이 좋고 손이 덜 피로함	무게가 약간 증가할 수 있음, 가격이 일반형보다 높음
두꺼운 손잡이	손이 작은 사람, 손목 부담 완화	손가락에 가해지는 압력이 적음, 편안한 착용감	너무 두꺼우면 손이 작은 사람에게 불편할 수 있음
납작하고 평평한 손잡이	손목 부담이 큰 사람, 안정적인 그립감 필요	손목이 편하고 뜨개질이 안정적임, 반복 작업에 적합	처음 사용할 때 적응이 필요할 수 있음

기타 도구

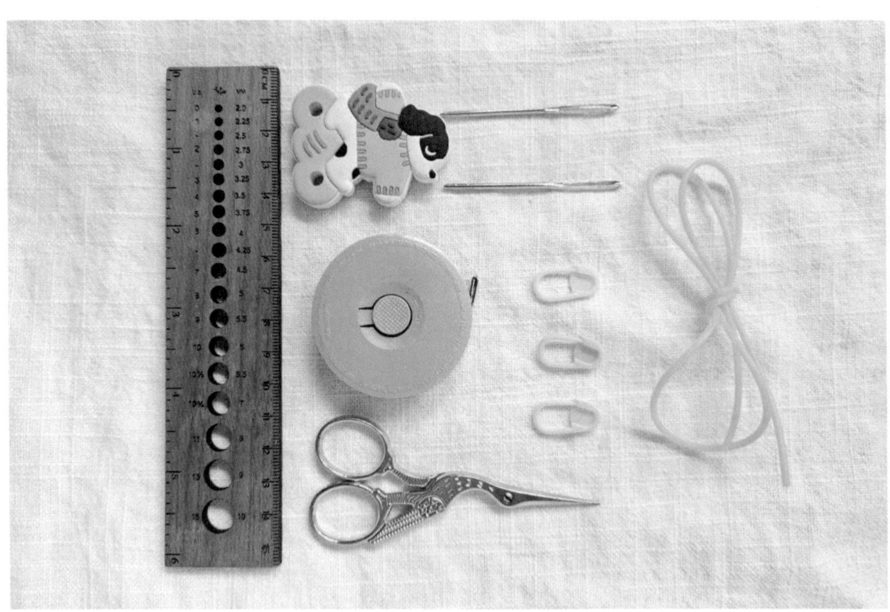

도구 이름	용도
돗바늘	실 정리, 옆선 잇기, 어깨 잇기, 단추 달기 등에 사용
마커	특정 위치(시작점, 증가/감소 부분)를 표시하여 진행을 도움, 막힘형은 바늘에 끼워 사용하고 개방형은 편물에 끼워 사용, 다른 색의 실을 작게 잘라 매듭을 지어 사용하기도 함
코막음 핀	임시로 코를 옮겨 보관하는 용도, 주로 어깨코를 옮겨둠, 대용으로 자투리 실을 사용해도 무방
스티치 홀더	많은 코수를 한꺼번에 보관할 때 사용, 가느다란 고무호스 형태로 되어 있어 바늘 끝을 끼워 쉽게 옮길 수 있음
가위	실을 자르는 필수 도구
줄자	뜨개 작업의 길이 및 치수를 측정하기 위한 도구

게이지 자	게이지를 정확하게 측정하기 위한 도구
바늘 게이지 측정기	대바늘과 코바늘의 크기를 측정하는 도구, 사이즈별로 구멍이 있어 바늘 사이즈를 확인할 때 구멍에 끼워 정확한 사이즈를 확인할 수 있음, 오래 사용한 바늘에 사이즈 표기가 지워졌을 때 유용하게 사용됨
케이블 바늘	꽈배기(케이블) 무늬를 뜰 때 사용하는 보조 바늘
실 감기, 물레	실을 볼 형태로 감아주는 와인더와 타래실을 감거나 걸어두는 형태가 있음
얀 홀더	뜨개할 때 실이 잘 풀리도록 걸어두는 도구, 다양한 형태가 있음
얀 볼	뜨개실이 굴러다니지 않도록 담아두는 그릇 모양의 도구
보빈	배색 작업을 할 때 실을 감아 쓰거나 자투리 실을 보관할 때 사용
블로킹 매트	편물을 원하는 모양이나 사이즈로 고정할 때 바닥에 깔아 사용, 주로 어린이용 놀이 매트 같은 푹신한 소재로 되어 있음
블로킹 핀	블로킹할 때 뜨개 작품을 고정하는 핀, 재봉용 시침핀보다 길고 굵어야 고정하기가 편리함
스팀 다리미	블로킹 과정에서 니트 조직을 정리하는 데 사용
바늘 마개	뜨개 도중 바늘 끝에 끼워 코가 빠지지 않도록 막아줌
니팅링	여러 가닥의 실로 작업할 때 손가락 끝에 끼워 실의 위치를 고정하여 얽히지 않도록 도와주는 도구
폼폼 메이커	폼폼(털실로 만드는 방울)을 간편하게 만들 수 있는 도구

시험뜨기

시험뜨기 혹은 스와치는 본격적인 작업을 시작하기 전, 사용할 실과 바늘로 작품에 주로 사용된 무늬를 작게 떠보는 과정입니다. 많은 사람이 귀찮다는 이유로 생략하지만 완성도 있는 작품을 만들고 싶다면 시험뜨기는 꼭 거쳐야 합니다. 주요한 목적은 10cm 안에 들어가는 코수와 단수를 확인하여 내 손땀(장력)에 맞춰 전체 작업을 조정하는 것이지만 이외에도 시험뜨기를 해야 하는 여러 이유가 있습니다.

시험뜨기를 해야 하는 이유

1 **정확한 게이지 확인**: 10cm 안에 들어가는 코수와 단수를 측정하면 원하는 사이즈로 작업할 수 있도록 조정이 가능합니다. 같은 굵기의 실이라도 뜨는 사람에 따라 크기가 달라지기 때문에 원하는 게이지가 나오지 않는다면 바늘 사이즈를 바꿔 다시 작업합니다.

2 **무늬와 차트 연습**: 새로운 패턴이나 차트를 이해하는 과정이 되어 작업의 실수를 줄이고 속도를 높일 수 있습니다. 패턴이 실제로 어떻게 표현되는지 미리 확인하면 원하는 디자인과 어울리는지를 판단할 수 있으며 레이스나 케이블 패턴처럼 복잡한 과정의 사전 연습이 본격적인 작업에 큰 도움이 됩니다.

3 **손땀 조절**: 사람마다 손땀이 다르기 때문에 일정한 장력을 유지하는 것이 중요합니다. 힘을 주어 뜨는 소품을 완성한 후 의류를 뜨면 손이 조여진 상태로 시작되었다가 시간이 지나면서 점점 느슨해질 수 있습니다. 시험뜨기를 통해 작품의 특성에 맞게 손땀을 조절하면 편물의 밀도를 균일하게 유지할 수 있습니다.

4 **실과 바늘 조합 테스트**: 같은 도안이라 하더라도 실과 바늘의 조합에 따라 완성된 작품의 느낌이 달라질 수 있습니다. 실의 탄력성과 질감이 패턴과 어울리는지 확인해야 합니다. 예를 들어 트위드 실은 복잡한 레이스 패턴과 잘 어울리지 않을 수 있습니다.

5 **세탁 후 변화 확인**: 세탁을 하면 실이 늘어나거나 수축할 수 있어 완성 후 예상치 못한 사이즈 변형을 방지하기 위해 미리 테스트가 필요합니다. 특히 울이나 실크 혼방 실처럼 수분을 머금으면 형태가 변하는 실은 세탁 후 크기 변화를 고려해 패턴을 수정해야 합니다. 세탁 전후의 코수, 단수를 모두 기록하여 뜨는 도중에는 세탁 전의 게이지로 나의 장력을 확인하면 편물이 촘촘해지거나 느슨해지는 것을 방지할 수 있습니다.

왼쪽부터 세탁 전, 세탁 후 편물

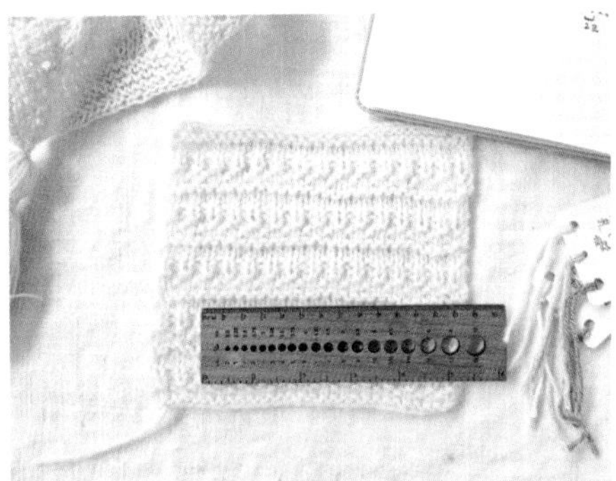
게이지 자를 이용해 코수, 단수를 세는 모습

시험뜨기 방법

1 도안의 게이지와 작품의 무게당 실의 길이를 확인하여 실을 고르고, 실 굵기에 맞춰 바늘을 준비합니다.

2 무늬차트를 먼저 보고 편물의 겉면과 안면, 무늬에 사용되는 기호를 파악합니다. 처음 보는 기호나 무늬가 있다면 뜨는 법을 미리 확인합니다.

3 가로 길이 15cm 정도가 되도록 코를 만듭니다. 무늬가 사용될 경우 3무늬 이상 반복되도록 코수를 정하세요. 가지런한 가장자리를 원한다면 6~8코를 더해 양쪽의 3~4코는 가터뜨기로 뜬 후 무늬를 시작하기 전 가터뜨기로 4~8단을 떠준 다음 무늬뜨기 합니다. 마지막에 가터뜨기 4~8단을 더 뜬 후 덮어씌우기 합니다.

4 편물의 길이가 15cm 이상 되도록 뜨거나, 처음 뜨는 무늬라면 무늬를 완전히 익힐 때까지 뜹니다. 새로운 무늬는 처음 뜰 때와 익숙할 때의 게이지가 달라지므로 편하게 작업할 수 있을 때까지 반복합니다.

5 코막음을 하고 편물이 편평해지도록 정리합니다.

6 세탁하기 전 10cm 안에 들어가는 코수, 단수를 확인합니다. 시작과 끝부분, 가장자리를 제외한 2~3군데에서 측정한 값의 평균을 사용합니다. 무늬가 복잡해 코수, 단수를 세기 어렵다면 무늬 개수를 세어 '무늬 코수 ÷ cm'로 게이지를 확인합니다.

예 12코가 1무늬일 때 3무늬의 폭이 15cm이면
(12코 × 3) ÷ 15cm = 36코 / 36코 ÷ 15 = 2.4
게이지는 2.4코가 됩니다. 같은 방법으로 단수를 확인합니다.

7 세탁(혹은 스팀) 후 편물을 가지런히 정리하여 완전히 건조합니다. 저의 경우 처음에는 모양을 잡기 위해 핀으로 고정하지만 어느 정도 시간이 지나면 핀을 제거하여 실의 특성에 따라 자연스럽게 사이즈가 자리 잡도록 합니다.

8 10cm 안에 들어가는 코수, 단수를 확인한 후 메모합니다.

9 게이지는 10cm 안에 들어가는 코수와 단수를 세고 실제 계산에 사용할 때는 1cm로 환산하여 사용합니다.

예 10cm × 10cm 안에 23코 36단이 들어갈 때
→ 1cm로 환산하여 2.3코 3.6단 사용(책에서는 게이지를 1cm 단위로 표시하였습니다.)

10 시험뜨기에 택을 달아 사용한 바늘과 세탁 전후의 게이지를 기록하여 보관합니다.

11 세탁 후의 게이지가 도안의 게이지와 차이가 많이 난다면 바늘 사이즈를 바꿔 다시 진행합니다. 1~2코의 차이는 도안 내의 사이즈를 선택하여 조정할 수 있으므로 편물의 느낌이 마음에 든다면 그대로 떠도 됩니다. 코수와 단수를 모두 똑같이 맞추기는 매우 어려우므로 우선 코수 게이지를 작품에 맞춘 후 단수는 도안에서 조정합니다.

시험뜨기를 자주 하다 보면 메모하는 것을 잊을 때가 종종 있습니다. 그래서 저는 마지막 코막음에서 실을 약간 길게 남긴 후 바늘 사이즈에 따라 매듭을 지어 둡니다. 4.5mm 대바늘이라면 연달아 4개의 매듭을 만들고 약간 떨어진 지점에 하나를 더 만듭니다. 그러면 시간이 지난 후에도 어떤 크기의 바늘을 사용했는지 알 수 있어요. 게이지 관련 추가 정보나 사이즈 조정에 관한 정보는 QR코드를 참조해주세요.

세탁과 블로킹

세탁 전 실의 세탁법을 꼭 확인해야 합니다. 대부분의 동물성 뜨개실은 중성세제 사용, 울 세탁, 손세탁을 권장하고 있습니다. 슈퍼워시 가공이 된 경우 기계 세탁이 가능하다는 표시가 있기도 합니다. 또한 세탁 시엔 찬물이나 미지근한 물을 사용합니다. 뜨거운 물은 섬유를 펠팅(축융)시킬 수 있어요. 치대지 않고 부드럽게 누르거나 세탁하고 물에 오래 담가두지 않는 것이 좋습니다. 고급 소재일수록 물에 들어가면 녹아내릴 듯 흐물거릴 수 있어 세탁망에 넣어 가볍게 탈수하거나 수건으로 감싸 눌러 물기를 제거합니다.

물세탁 vs 스팀

세탁으로 뜨개를 망칠까 봐 물세탁을 하지 않고 스팀으로 정리하는 경우도 많습니다. 스팀은 작품을 빠르게 정돈하고 모양을 잡을 수 있어 시간이 절약되고, 물세탁에 민감한 실(실크, 캐시미어, 앙고라 등)에도 부담 없이 사용할 수 있어 실의 질감을 유지하는 데 유리합니다.

	장점	단점	추천하는 경우
물세탁	• 조직을 안정화하여 형태 변형을 방지 • 실 속 기모가 살아나 편물이 부드러워짐 • 실 내부의 오염과 기름기를 완전히 제거	• 세탁 후 형태가 변형될 수 있어 신중한 관리 필요 • 블로킹, 건조 시간이 길어질 수 있음 • 일부 실(앙고라, 모헤어 등)은 필링(보풀) 발생	• 스웨터, 카디건, 양말 등 착용 빈도가 높은 의류 • 기모감을 살리고 싶은 울, 알파카, 모헤어 실 • 오염이 쉽게 발생하는 소품(목도리, 장갑 등)
스팀	• 빠르게 형태를 정돈할 수 있음 • 물세탁에 민감한 소재에도 부담 없이 사용 가능 • 실의 광택과 조직을 살리는 효과	• 오염이 완전히 제거되지 않음 • 고온 사용 시 일부 실(아크릴, 나일론 등)의 변형 가능	• 레이스 숄, 얇은 실(레이스, 핑거링)로 만든 작품 • 모헤어, 앙고라처럼 물세탁이 어려운 실 • 빠른 블로킹이 필요한 경우

소재별 세탁 방법

소재	물세탁 가능 여부	스팀 가능 여부	주의 사항
울	가능(찬물 손세탁)	가능(낮은 온도)	뜨거운 물, 강한 마찰 금지 (축융 현상 발생)
알파카	가능(손세탁 추천)	가능	마찰 시 보풀 발생 주의
모헤어	제한적(드라이클리닝 추천)	가능	세탁 시 엉킴 주의
앙고라	권장하지 않음	가능	섬유 손상 방지를 위해 스팀 블로킹 추천
코튼	가능(기계 세탁 가능)	가능	고온 세탁 시 수축 가능
린넨	가능	가능	구김 방지를 위해 세탁 후 눕혀서 건조
실크	제한적 (손세탁 또는 드라이클리닝)	가능	강한 마찰 시 손상 가능
아크릴	가능(기계 세탁 가능)	주의(고온 사용 시 변형 가능)	스팀 사용 시 너무 가까이 대지 않기

블로킹

왼쪽부터 블로킹 전, 블로킹, 블로킹 후 편물의 모습

블로킹(Blocking)은 뜨개 작품을 완성한 후 세탁 및 건조 과정에서 모양을 정리하고 조직을 안정화하는 것을 말합니다. 뜨는 동안 장력 차이로 인해 편물이 울거나 뒤틀릴 수 있는데 블로킹으로 형태를 바로잡고 무늬를 선명하게 드러내며 실이 가진 특성을 최대로 살릴 수 있습니다. 또한 완성된 작품의 사이즈가 예상보다 작게 나왔다면 블로킹을 통해 어느 정도 보완이 가능합니다. 뜨개 편물은 신축성이 좋기 때문에 원하는 사이즈가 되도록 편물을 펼쳐

늘린 후 가장자리를 핀으로 고정해 건조하면 크기를 조정할 수 있습니다. 이때 핀을 꽂은 부분이 지나치게 뾰족해지지 않도록 핀의 간격을 촘촘히 조정하는 것이 중요합니다.

하지만 블로킹은 자칫 잘못하면 작품이 늘어나거나 특정 섬유(울, 알파카 등)의 경우 펠팅 현상이 발생할 위험이 있으므로, 반드시 실의 특성과 적절한 블로킹 방법을 확인한 후 진행해야 합니다. 따로 떠서 연결하는 디자인은 연결 전 미리 세탁과 블로킹 과정을 거쳐 편물을 가지런히 정리하고 사이즈를 조정한 후 마무리하기도 합니다.

뜨개 블로킹 순서

1 세탁 후 수건으로 감싸 눌러 물기를 제거합니다. 기계 탈수를 한다면 세탁망에 넣어 가볍게 탈수합니다.

2 블로킹 매트 또는 편평한 바닥에 타월을 깔고 넓게 펼칩니다.

3 숄, 스카프 작품에 레이스 무늬가 있다면 편물의 가장자리가 반듯하지 않고 뾰족하거나 물결 무늬인 경우가 있습니다. 이런 디자인은 무늬가 잘 살도록 중심 부분을 먼저 고정하고 원하는 크기가 되도록 당겨 고정한 후 무늬 각각의 모양이 잘 살아나도록 핀으로 고정합니다.

4 카디건, 스웨터, 모자, 장갑 등 도톰한 소재라 형태가 잘 잡히는 작품이라면 전체적인 실루엣을 다듬는 정도만으로 충분합니다.

5 바람이 잘 통하는 그늘에서 완전히 건조합니다. 필요하다면 선풍기를 사용하세요.

유형별 블로킹 방법

작품 유형	블로킹 방법	주의 사항
모자	스팀 블로킹	모양을 잡아야 하므로 뜨거운 스팀을 간접적으로 가한 후 손으로 형태를 정리
장갑&양말	물세탁 블로킹	착용 시 변형이 적도록 안정화 필요, 착용감 개선을 위해 부드럽게 블로킹
목도리&숄	물세탁 블로킹(핀 블로킹)	패턴과 무늬를 선명하게 만들기 위해 핀으로 고정하며 말림 방지
스웨터&카디건	물세탁 블로킹 또는 스팀 블로킹	실의 종류에 따라 결정, 울 및 천연섬유는 물세탁 블로킹 권장, 아크릴은 스팀 블로킹 가능
조끼(베스트)	물세탁 블로킹	착용 시 늘어나는 것을 방지하고 조직을 안정화
레이스 작품 (숄, 스카프 등)	물세탁 블로킹(핀 블로킹)	무늬를 살리기 위해 넓게 펼쳐 핀으로 고정하여 형태 유지
인형&소품	스팀 블로킹	작은 부분까지 형태를 유지하기 위해 스팀을 가한 후 손으로 정리
뜨개 가방	스팀 블로킹 또는 물세탁 블로킹	가방 형태를 잡아야 하므로 스팀 블로킹이 적합, 필요 시 물세탁 블로킹 후 형태 유지

건조 후 형태 변형 시 복구 방법

실과 무늬에 따라 세탁 전후의 차이가 있습니다. 시험뜨기로 테스트를 해도 작은 편물일 때의 오차와 옷을 완성했을 때의 오차는 차이가 크기 때문에 원하는 사이즈와 완성 사이즈가 다르게 나오는 경우가 종종 있습니다. 그럴 때는 다음과 같은 방법으로 형태를 복구할 수 있습니다. 과하게 커지거나 줄어든 경우는 복구가 힘드니 반드시 라벨의 세탁법을 미리 확인하고 시험뜨기를 하는 것이 중요합니다.

1 **사이즈가 커졌을 때**

뜨거운 물에 담갔다가 찬물로 헹구기: 면, 아크릴, 일부 합성섬유는 뜨거운 물에 담근 후 찬물로 헹구면 섬유가 수축되며 원래 크기에 가까워질 수 있습니다.

건조 과정에서 수축 유도하기: 건조기를 사용하여 사이즈를 줄일 수 있습니다. 저온으로 시도하고 상태를 확인하며 온도를 조절하세요.

울, 알파카 등 천연섬유: 스팀을 살짝 가하면서 손으로 조심스럽게 형태를 축소할 수 있습니다. 단, 너무 높은 온도의 스팀은 펠팅을 유발할 수 있으므로 주의하세요.

2 **사이즈가 작아졌을 때**

세제 사용 시: 헤어 컨디셔너 또는 울샴푸를 섞은 미지근한 물에 30분 정도 담가둡니다. 색이 진한 편물이라면 너무 오래 담가두지 마세요. 섬유가 부드러워지면 가볍게 늘려 원하는 크기로 모양을 잡습니다. 무리하게 당기지 않는 것이 중요합니다.

물세탁 블로킹을 활용하여 다시 늘리기: 수건으로 물기를 제거한 후 원하는 크기로 핀을 고정합니다. 핀 간격을 일정하게 유지하여 뾰족하게 나오는 부분 없이 균형 있게 늘립니다

스팀 블로킹으로 크기 조정하기: 스팀을 사용하여 편물을 부드럽게 만들고 손으로 살짝씩 늘려 가며 모양을 조정한 후 핀으로 고정합니다. 너무 강한 스팀은 실이 손상될 수 있으니 주의합니다.

3 **펠팅된 경우**

헤어 컨디셔너를 미지근한 물에 섞어 편물을 넣고 부드러워질 때까지 마사지합니다. 수건으로 가볍게 물기를 제거하고 조심스럽게 사이즈를 늘려줍니다. 편물 겉면의 기모가 엉킨 정도라면 울 브러시(혹은 애견용 브러시)를 이용해 살살 빗어 풀어주세요. 편물 자체가 딱딱해진 상태라면 복구가 어려우니 세탁이 조심스럽다면 드라이클리닝하는 것을 추천합니다.

자주 하는 질문

Q **초보자는 따라 하기 많이 어려운가요?**

A 정말 많이 받는 질문 중 하나입니다. 대부분의 의류는 중급 이상의 난이도이기 때문에 뜨개를 시작하기 전 최소한의 뜨개 기호와 용어에 대한 이해가 필요해요. 모든 도안이 튜토리얼처럼 모든 과정을 전부 알려주진 않습니다. 뜨고 싶은 도안이 있는데 너무 어렵게 느껴진다면 비슷하지만 쉬운 난이도의 도안을 먼저 떠서 실력을 높인 후에 도전하는 것을 권합니다.

Q **도안에 적힌 실과 다른 실을 써도 될까요?**
사용된 실이 단종되었거나 구할 수 없을 때 대체 실을 선택하는 방법이 있나요?

A 도안에 적힌 실을 구하기 어렵거나 제품이 단종되는 경우가 자주 있습니다. 이때 완성작과 가장 비슷한 느낌을 살리고 싶다면 해당 작품에 사용된 실과 비슷한 성분과 굵기의 실을 선택하는 것이 좋습니다. 하지만 도안의 디자인만 마음에 들고 편물의 느낌은 다르게 만들고 싶다면 다른 성분의 실을 사용해도 돼요. 다만 작품에 사용된 실의 무게당 길이를 비교하여 비슷한 길이의 실을 골라야 게이지 조정이 쉽습니다.

Q **실을 바꾸면 결과물이 많이 달라지나요?**

A 디자인에 따라 부드러운 실이 잘 맞는 작품이 있고 힘 있고 꼬임이 강한 실이 더 잘 어울리는 작품이 있습니다. 예를 들어 레이스 숄은 가늘고 부드러운 실로 떠야 우아한 느낌이 살아요. 꼬임이 강하고 힘 있는 면사로 뜰 경우 부드러움이 많이 반감되겠죠. 하지만 실의 특징에 따라 다른 느낌이 나는 것이 꼭 나쁘다고 할 수는 없습니다. 색다른 느낌의 완성작이 나올 수 있으니 마음에 드는 실이 있다면 기존 작품의 실과 다르더라도 도전해보면 재미있는 작업이 될 거예요.

Q 실의 굵기나 성분이 같으면 도안 그대로 떠도 될까요?

A 같은 실을 사용하더라도 뜨는 사람에 따라 게이지가 많이 달라지기 때문에 꼭 시험뜨기를 통해 같은 게이지가 나오도록 바늘 사이즈를 조정해야 해요. 세부 치수를 확인하며 내가 원하는 치수로 조정해서 뜨면 더 만족스러운 결과를 얻을 수 있습니다.

Q 아이용으로 뜨고 싶을 땐 어떻게 떠야 할까요?

A 가끔 성인용 도안을 아이용으로 떠도 되는지 문의하는 분들이 있습니다. 그럴 땐 바늘 사이즈를 조절하여 뜨면 도안보다 작게 혹은 크게 뜰 수 있어요.

예 코수 게이지가 1.8코, 품이 100cm인 도안을 품이 70cm인 아이용으로 뜨고 싶다면

1. 도안에 적힌 품의 코수를 확인합니다. → 180코
2. 180코를 70cm로 나눕니다. 180코 ÷ 70cm = 2.57…
3. 10cm에 25~26코가 나오는 바늘 사이즈(3.0~3.5mm 정도)로 시험뜨기를 합니다.
4. 시험뜨기 후 비슷한 게이지가 나온다면 해당 바늘 사이즈를 선택해 도안 그대로 작업합니다.
5. 세부 치수를 확인하며 아이 사이즈에 맞게 조절합니다.

Q 도안에 적힌 게이지를 맞추지 않으면 문제가 생기나요?

A 완성 사이즈가 달라지게 됩니다. 실 소요량 또한 게이지를 기준으로 계산되기 때문에 소요량도 달라질 수 있어요. 그래서 귀찮고 번거롭더라도 게이지를 맞추는 과정은 꼭 필요합니다.

Q 게이지를 맞추려고 노력해도 계속 맞지 않게 떠져요. 어떻게 하면 좋을까요?

A 게이지가 맞지 않아 여러 번 시험뜨기를 하는 경우는 흔히 있습니다. 코수, 단수를 모두 정확하게 맞추기는 정말 어려워요. 단수는 도안의 단수에서 더하거나 빼서 조절할 수 있기 때문에 시험뜨기를 할 때는 코수만 맞추도록 합니다. 1~2코 차이는 도안의 다른

사이즈를 선택하거나 세탁 후 블로킹 과정에서 조절할 수 있는 오차이므로 크게 걱정할 필요는 없습니다.

Q 힘 조절이 일정하지 않아서 게이지도 일정하지 않은데 해결 방법이 있을까요?

A 뜨개를 시작한 지 얼마 되지 않았다면 실과 바늘을 잡는 것이 아직 익숙하지 않기 때문에 장력이 불규칙한 것은 당연합니다. 경험이 쌓일수록 장력은 일정해지니 뜨개를 더 많이 하는 것이 가장 좋은 해결 방법이에요. 장력이 너무 느슨하다면 새끼손가락에 실을 한 번이나 두 번 감고 뜨면 텐션이 생겨 어느 정도 조절이 돼요. 손에 땀이 많은 경우 나무 바늘을 사용하게 되면 뻑뻑하게 떠지게 됩니다. 그럴 때는 금속 바늘로 바꾸면 좋아요. 반대로 모헤어처럼 미끄러운 성질의 실을 사용할 때는 나무 바늘을 사용하면 장력 조절이 좀 더 편해집니다. 실 잡는 방법을 바꿔보거나 바늘 소재를 바꿔보세요.

Q 평소 입는 옷과 도안의 사이즈를 비교하는 방법이 있나요?

A 도안에서 사이즈를 고를 때는 신축성과 착용감이 유사한 옷과 비교하는 것이 가장 정확한 방법입니다. 기존에 직접 뜬 뜨개옷이 있다면 그와 비교하는 것이 가장 좋으며, 떠본 옷이 없다면 비슷한 두께와 신축성을 가진 스웨터나 카디건 등과 비교하는 것이 이상적입니다. 단, 우븐(직물) 소재의 셔츠나 코트와 비교하면 핏이 다를 수 있고, 신축성이 낮은 니트와 비교할 경우 착용감이 예상과 다를 수 있어 주의가 필요합니다. 이너로 착용할지, 단독으로 입을지에 따라 여유분을 고려하여 사이즈를 선택하는 것이 중요합니다.

Q 같은 사이즈로 떴는데 예상보다 크거나 작아요. 원인이 뭘까요?

A 게이지를 맞추고 떴는데도 사이즈가 다르게 나왔다면 뜨는 도중에 손땀이 달라졌을 수도 있어요. 한 작품을 한번에 뜨지 않고 여러 작품을 돌아가며 뜨는 경우라면 뜨는 무늬

나 실에 따라 손땀이 촘촘해지거나 느슨해질 수 있어요. 한참 쉬다 다시 뜰 때에도 손땀이 달라지기도 합니다. 그래서 중간중간 세탁 전 시험뜨기의 게이지와 비교, 확인하는 과정이 중요합니다. 손땀의 변화 없이 일정하게 떴음에도 사이즈가 달라졌다면 세탁과 건조 과정에서 수축이나 늘어짐이 생긴 경우입니다.

Q **중간에 실이 부족해졌어요. 어떻게 해결할 수 있나요?**

A 뜨는 사람에 따라 같은 실, 같은 도안, 같은 사이즈로 떠도 소요량이 달라질 수 있어요. 손땀이 달라서일 수도 있고, 실에 감겨 있는 양에 ± 5g 정도의 오차가 있기 때문일 수도 있습니다. 따라서 실을 준비할 때는 예상 소요량보다 1~2볼 넉넉히 준비하는 게 좋아요. 뜨는 도중 실이 부족해졌고 같은 실을 구할 수 없는 상황이라면 사이즈 조정이 가능한 부분까지 풀고 길이나 너비를 조정해서 다시 뜨는 수밖에 없습니다.

Q **코수나 무늬를 틀렸어요. 풀고 다시 떠야 할까요?**

A 1~2코의 차이라면 가장자리나 무늬 중간에 티가 덜 나는 부분에서 코를 늘리거나 줄여 해결할 수 있어요. 하지만 그 부분이 계속 신경이 쓰일 수 있습니다. 완성 후에 '그때 그냥 풀고 다시 뜰 걸' 하고 후회하는 경우를 자주 보았어요. 그래서 틀린 부분이 쉽게 수습되지 않는 경우라면 시원하게 풀고 다시 시작하는 것을 권합니다. 겉뜨기를 안뜨기로 뜨거나 꽈배기 무늬에서 교차하는 것을 깜박하는 정도의 실수라면 그 부분에 해당하는 코수만 풀어 수정하는 방법이 있습니다.

Q **도안 길이를 수정하고 싶어요. 가능할까요?**

A 톱다운은 아래로 내려 뜨는 방식이기 때문에 원하는 만큼 길이를 뜨는 것이 어렵지 않습니다. 대신 무늬가 반복되는 단수를 고려하여 길이를 정하는 게 좋습니다. 반대로 보

텀업은 위로 올려 뜨는 방식이기 때문에 도안의 길이와 비교하여 사이즈를 조정하는 것이 좋습니다. 도안 길이와 비교해 길이를 얼마나 늘릴지 정한 후 정한 길이에 자신의 단수 게이지를 곱해 몇 단을 더 뜰지 계산합니다. 무늬의 반복되는 단수에 맞도록 단수를 조정합니다(예 6코 8단이 반복되는 무늬라면 8단의 배수가 되도록 정합니다). 여러 무늬가 층층이 배열된 구조라면 추가해야 하는 단수에 맞는 무늬를 고르거나, 꼭 넣고 싶은 무늬가 있다면 그 무늬의 단수에 맞도록 추가할 단수를 조정합니다.

Q **도안 디자인을 일부 변경해도 괜찮을까요?**

A 뜨개 경험이 적다면 우선 게이지만 조정하여 그대로 뜨면서 원래 디자인의 흐름과 전개 방식을 익힌 후 변형을 시도하는 것이 가장 안정적입니다. 다만 일부 작가들은 디자인 변형을 원하지 않는다고 명시하는 경우가 있어 도안의 주의 사항을 확인하는 것이 중요합니다.

Q **완성 후 꼭 물세탁을 해야 하나요?**

A 물세탁 대신 드라이크리닝을 할 수도 있습니다. 사용한 실의 성분이나 편물의 특성에 따라 적합한 세탁 방법을 선택하면 돼요. 하지만 저는 여러 이유로 물세탁을 더 선호합니다. 자세한 내용은 세탁과 블로킹(47쪽) 부분을 참고해주세요

작품 관련 질문 사항은 ehtory@naver.com, bookisbab@gmail.com으로 문의글을 남겨주세요.

Crochet

Part 1

코바늘 뜨개

수플르 스카프

Souffle Scarf

작품 소개

'Souffle(수플르)'는 프랑스어로 '숨결'을 뜻합니다. 차가운 겨울을 지나 부드러운 봄의 숨결을 느낀 순간과 퐁퐁 올라오는 귀여운 새싹들, 벚꽃잎이 바람에 날리는 순간을 작품에 담고 싶었어요. 남은 자투리 실을 활용해 작은 헤어 커치프부터 스카프, 숄까지 다양하게 응용해보세요. 가볍게 걸쳐 포인트를 주거나 자연스럽게 묶어 스타일을 완성할 수 있는 아이템으로, 손끝에서 계절의 변화를 느낄 수 있는 작은 즐거움을 선사할 거예요. 새싹이 움트고 꽃망울이 피어나는 장면을 떠올리며 가는 실이 연결되어 새로운 봄의 숨결이 되는 순간을 경험해보길 바랍니다.

기본 정보

실	손염색실 핑거링(1타래 100g 400m, 슈퍼워시 메리노 75%, 나일론 20%) 약 40g
바늘	모사용 4/0호 코바늘
사이즈	가로 80cm, 세로 38cm(끈 길이 제외)
게이지	가로*세로 4.5 무늬

몸판

1 아래와 같이 1단부터 떠줍니다.

1단: 사슬뜨기 9코, 6번째 사슬코에 한길긴뜨기, 첫 번째 사슬코에 빼뜨기, 사슬뜨기 4코, 첫 번째 사슬코에 한길긴뜨기 2코 모아뜨기

2단: 사슬뜨기 8코, 5번째 사슬코에 한길긴뜨기, 1단 마지막 코에 빼뜨기, [사슬뜨기 4코, 첫 번째 사슬코에 한길긴뜨기 2코 모아뜨기]를 2번 반복, 1단의 6번째 사슬코에 빼뜨기, 사슬뜨기 4코, 첫 번째 사슬코에 한길긴뜨기 2코 모아뜨기

자세한 방법은 QR코드를 참조하세요.

2 계속해서 같은 방법으로 차트를 참조하여 원하는 크기가 될 때까지 뜹니다.

끈

1 원하는 크기의 마지막 코까지 뜬 후 사슬뜨기 50코(혹은 원하는 길이만큼)를 뜹니다.

2 사슬뜨기 3코를 뜬 후 50번째 사슬코에 한길긴뜨기를 뜨고, 사슬뜨기 3코를 뜹니다. 50번째 사슬코에 빼뜨기를 합니다.

3 2를 2번 더 반복합니다. 사슬뜨기 50코의 뒷실에 빼뜨기를 하면서 처음 시작으로 돌아와 빼뜨기 합니다. 사슬뜨기 4코를 뜨고 제자리에 빼뜨기를 합니다.

4 사슬뜨기 5코를 뜨고 다음 무늬의 한길긴뜨기 위에 빼뜨기를 합니다.

5 사슬뜨기 4코를 뜨고 제자리에 빼뜨기를 합니다.

6 4와 5를 반복하여 반대편 모서리까지 뜹니다. 같은 방법으로 끈을 뜨고 빼뜨기 해 모서리로 되돌아옵니다.

옆선

1 사슬뜨기 4코를 뜹니다.

2 단과 단 사이에 빼뜨기를 하고, 사슬뜨기 4코를 떠서 제자리에 빼뜨기 합니다. 사슬뜨기 4코를 뜹니다.

3 1과 2를 반복하여 숄의 시작점에 닿으면 빼뜨기 합니다.

4 사슬뜨기 3코, 시작점에 한길긴뜨기, 사슬뜨기 3코, 시작점에 빼뜨기 합니다. 이 과정을 2번 더 반복합니다.

5 반대편 옆선도 같은 방법으로 작업합니다.

6 마지막 코에 닿으면 빼뜨기를 하고 매듭을 지어 마무리합니다.

전체 차트

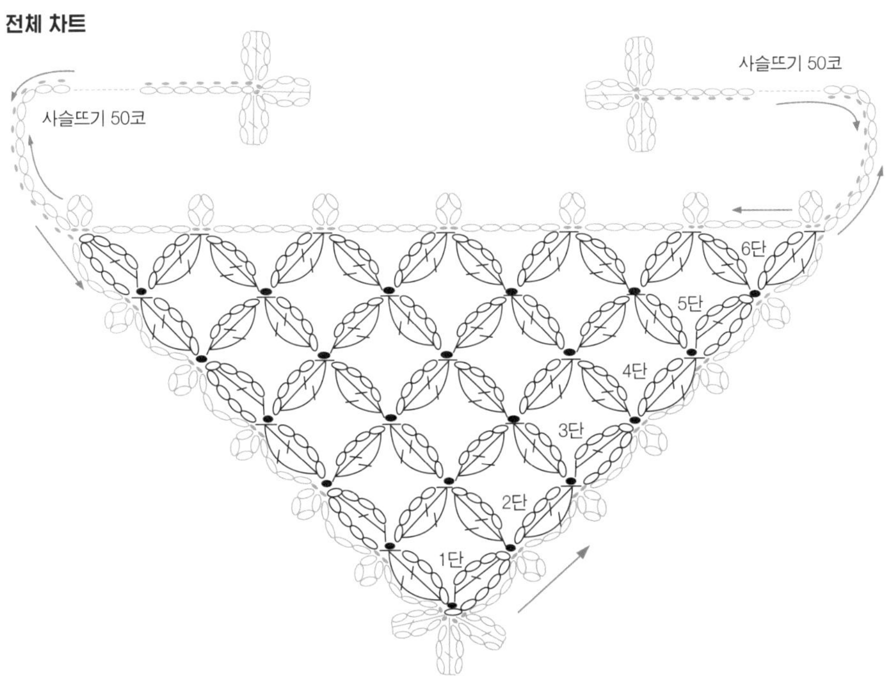

라일라 크로쉐 톱

Layla Crochet Top

작품 소개

라일라 크로쉐 톱은 이집트 여행을 준비하며 만들었어요. 끝없이 펼쳐진 푸른 바다와 뜨거운 사막 그리고 그곳에서 만날 돌고래를 상상하며 작업했습니다. '라일라(Layla, Laila, Leila)'는 아랍어로 깊고 신비로운 아름다움을 상징합니다. 뜨거운 낮을 지나 평온한 밤이 찾아오듯 사막과 바다를 넘나드는 여행에서 느낀 자유로움과 설렘이 담기길 바라는 마음으로 네이비와 화이트로 낮과 밤을 표현하고, 뒷면의 조절 가능한 끈 디테일을 통해 착용감의 자유로움을 더했습니다. 이 톱을 입으면 이집트에서 보냈던 날들의 햇살과 모래 바람 그리고 함께 유영하던 돌고래들이 떠오릅니다. 여러분에게도 이 톱이 여행의 순간을 담아낸 기억으로 오래도록 남길 바랍니다.

기본 정보

실	보리(1볼 50g 125m, 면 100%) 아이보리 2볼, 네이비 2볼
바늘	모사용 3/0호 코바늘
게이지	23코 12.5단(10cm 기준, 한 무늬당 약 4.5cm)
사이즈	1가지(끈으로 사이즈 조절)

주의 사항

- 도안은 책의 작품보다 차트가 길게 그려졌습니다. 원하는 만큼 평단을 가감하세요.
- 도안에는 물결 무늬를 살려 마무리한 차트와 일직선 마감 차트를 넣었습니다.
- 무늬뜨기를 충분히 연습하여 완전히 습득한 후 게이지를 확인하고 시작합니다.
- 몸판을 완성한 후 평단을 조절했다면 더 마음에 드는 쪽을 겉면으로 정하고 테두리단의 방향을 결정하여 뜹니다.
- 책의 작품은 니플 패치를 부착한 상태이며 경우에 따라 패드 착용을 권합니다.

도식

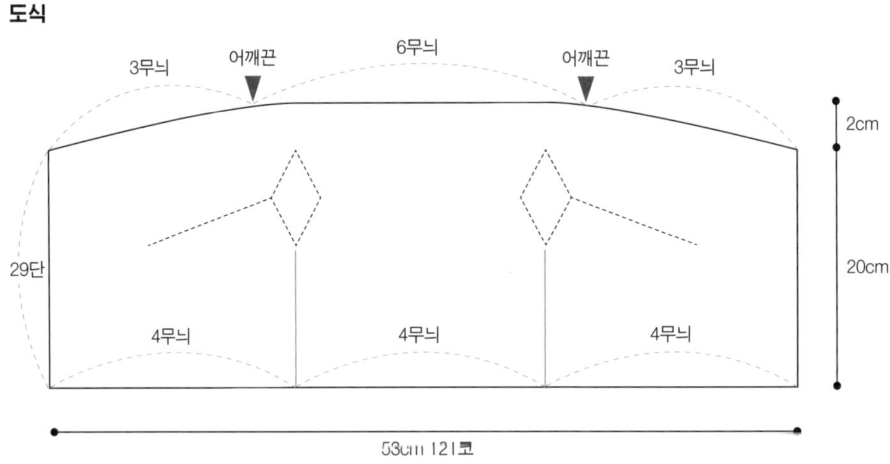

무늬뜨기

1 배색실, 모사용 3/0호 바늘로 [10의 배수 + 1코]를 만듭니다.

- 바탕실(네이비), 배색실(아이보리)을 같은 방향으로 한 단씩 뜬 후에 편물의 방향을 바꿉니다.
- 68쪽의 무늬뜨기 차트를 참조하세요.

1단: 배색실을 차트대로 뜨고 마지막 코를 길게 만든 후 실을 통과시켜 매듭을 짓습니다. 편물을 돌리지 않습니다.

2단: 바탕실로 1단 첫 코에 빼뜨기 뜨듯 실을 연결하여 차트대로 2단을 뜹니다. 매듭을 짓고 편물을 돌립니다.

3단: 1단 끝에 있는 배색실을 끌어올려 2단의 마지막 코에 빼뜨기 뜨듯 연결합니다. 차트대로 뜨고 매듭을 지은 뒤 편물을 돌리지 않습니다.

4단: 2단 끝에 있는 바탕실을 끌어올려 3단의 첫 코에 빼뜨기 뜨듯 연결합니다. 차트대로 뜨고 매듭을 지은 뒤 편물을 돌립니다.

2 계속해서 같은 방법으로 2~5단을 반복합니다.

몸판

아래와 같이 1~29단을 떠줍니다.

1~15단: 배색실, 모사용 3/0호 바늘로 [121코 + 여유분 2~3코]를 만든 후 차트대로 15단까지 뜹니다.

15단부터 가로 다트와 세로 다트가 동시에 시작됩니다. 차트를 꼼꼼히 봐주세요.

16단: 14단에 연결된 바탕실을 16단의 위치에 빼뜨기 하듯 연결한 후 16단을 뜹니다.

가로 경사에서 시작점이 옮겨지기 때문에 실이 길게 늘어지게 됩니다. 너무 느슨하거나 당겨지지 않도록 주의하고 경사뜨기가 끝난 후 뜨는 단에서 늘어진 실을 겹쳐 뜹니다.

늘어지는 실이 싫다면 실을 끊고 다음 차례에 연결하거나 14단에서 실을 끊은 후 16단의 시작에서 실을 연결합니다.

17~29단: 17단은 15단에 연결된 배색실을 끌어와 시작점에 연결하고 29단까지 차트대로 뜬 후 실을 자릅니다.

가슴선이 일직선으로 되길 원한다면 전체 차트에 따로 표시된 차트대로 29단을 뜬 후 실을 자릅니다(69쪽 오른쪽 하단 차트 참조).

테두리

1단: 바탕실로 29단의 시작코에 실을 연결하여 테두리를 시작합니다. 한 바퀴를 모두 뜨고 마지막 코와 첫 코를 긴뜨기로 연결합니다.

2~3단: 계속해서 2단을 뜨고, 3단째 무늬대로 뜨면서 표시된 지점에서 사슬뜨기 250~300코를 뜨고 이를 모두 긴뜨기로 뜬 후 제자리로 돌아와 빼뜨기 하여 어깨끈을 만들어 줍니다. 여밈끈은 양쪽 옆선에서 사슬뜨기 12코를 떠서 만들어줍니다.

- 어깨끈의 위치는 양끝 3개 무늬 안쪽에 표시했으나 취향에 따라 위치를 바꿔도 됩니다.
- 어깨끈은 가슴 둘레, 총장, 여밈 정도, 원하는 리본의 크기에 따라 길이를 달리 합니다.
- 어깨가 좁다면 4번째 무늬에 어깨끈을 만들고 뒤쪽에서 X자로 교차시켜 마무리해주세요.

실 정리를 하고 마무리합니다.

무늬뜨기 차트

■ 배색실(아이보리)
■ 바탕실(네이비)

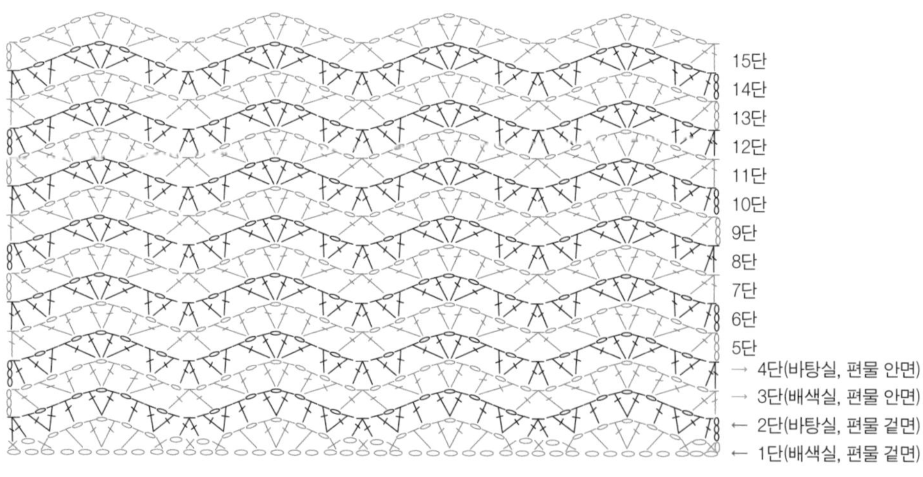

전체 차트

사슬뜨기 12코

어깨끈

어깨끈

18단

17단

29단

2단
1단
6단
5단
10단
9단
14단
13단
22단
21단
26단
25단
29단

센토레아 크로쉐 톱

Centaurea Crochet Top

작품 소개

수레국화를 닮은 섬세한 코바늘 무늬와 중심을 기준으로 대칭되는 사선 패턴이 돋보이는 톱다운 톱입니다. 대칭적인 사선 무늬는 시각적인 안정감과 세련미를 더하며 자연스러운 실루엣을 완성합니다. 수레국화가 들판에서 바람을 맞으며 자유롭게 피어나듯 이 크로쉐 톱 역시 바람을 따라 가볍게 흔들리는 실루엣이 매력적인 작품입니다. 한여름의 햇살과 바람을 닮은 톱과 함께 또 다른 계절의 변화를 맞이해보세요.

기본 정보

	조이 버전(파랑색 실)	그루 버전(아이보리색 실)
실	Zoe(1볼 40g 150m, 면 100%) 6볼(7볼)	그루(1볼 50g 260m, 한지 75%, 면 25%) 4볼(5볼)
바늘	모사용 4/0호, 5/0호 코바늘	모사용 3/0호 코바늘
게이지	모사용 5/0호 옆판 무늬 24코 12단	모사용 3/0호 25코 12단
사이즈	M(L): 품 100cm(128), 총장 47cm(동일)	M(L): 품 100cm(128), 총장 47cm(동일)

주의 사항

- M사이즈에서 품을 조절할 수 있습니다.
- 단마다 방향을 바꿔가며 뜨되 도식의 ①~⑤는 짝수 단이 겉면, ⑥~⑦은 홀수 단이 겉면이 되도록 뜹니다.
- 넥밴드, 밑단, 소매단은 원통뜨기로 뜹니다.
- 완성 후엔 무늬의 영향으로 옆선 중심이 몸판 중심보다 아래로 처지게 됩니다. 세탁 후 젖어 있는 상태의 몸판 중심(④, ⑤의 꼭지점)을 살짝 아래로 당겨 밑단이 반듯해지도록 모양을 잡아주고 필요하다면 핀으로 고정해 완전히 건조합니다.

도식

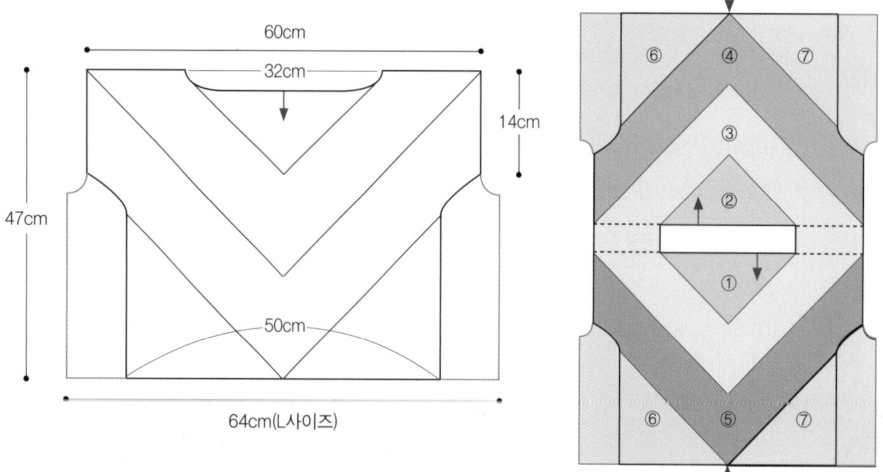

시험뜨기

사슬뜨기를 31코 만들어 1~2단의 편물 길이가 10cm 이상 될 때까지 뜹니다.

세탁 후 게이지를 확인한 뒤 바늘 사이즈를 조정해주세요.

무늬뜨기

1 사슬뜨기 3코를 뜨고, 제자리에 두길긴뜨기 모아뜨기를 합니다.

2 6번째 코에 두길긴뜨기 모아뜨기를 하고 사슬뜨기 3코를 떠서 제자리에 짧은뜨기를 떠줍니다.

3 다음 단에서 전 단의 두길긴뜨기 위에 두길긴뜨기 모아뜨기를 하고 사슬뜨기 3코를 떠서 같은 자리에 짧은뜨기 합니다.

4 사슬뜨기 3코를 뜨고 같은 자리에 두길긴뜨기 모아뜨기를 떠줍니다.

75쪽의 무늬뜨기 차트를 참조하세요.

몸판

1 ①의 1~11단까지 뜨고 실을 자릅니다. ②의 1~12단까지 뜨고 사슬뜨기 13코를 뜬 후 ①에 연결하여 12단을 뜹니다. 사슬뜨기 13코를 뜨고 ②의 마지막 코와 빼뜨기로 연결합니다.

2 ③은 ①과 ②를 통으로 13~27단까지 뜹니다. 진행 방향에 주의하세요.

M사이즈

1 ①~③의 과정은 위의 몸판 과정을 참조해 뜨고 ④는 ③에서 28~39단까지 뜹니다. 실을 50cm 정도 남기고 자릅니다.

2 반대편에 실을 연결하여 ⑤의 28~39단까지 뜨고 진동을 연결합니다(원하는 만큼 코 수를 가감합니다).

3 ④에서 남긴 실로 반대편 진동도 연결해줍니다.

M사이즈 진동 연결: 39단의 마지막에 남겨둔 실로 양쪽 편물의 겉면이 마주보도록 겹쳐 편물 안쪽을 보고 있는 상태에서 짧은뜨기를 합니다. 계속해서 사슬뜨기와 짧은뜨기를 반복하여 양쪽 편물을 연결합니다. 원하는 만큼 간격을 조절하세요.

L사이즈

1 ①~③의 과정은 몸판뜨기를 참조해 뜨고 ④의 28~38단까지 뜬 후 실을 자릅니다.

2 반대편에 실을 연결하여 ⑤의 28~39단까지 뜨고 사슬뜨기 13코(원하는 만큼 가감하되 홀수 코수를 맞춰주세요)를 뜬 후 ④와 연결하여 39단을 뜨고 사슬뜨기 13코를 뜹니다. 빼뜨기로 ⑤의 마지막 코에 연결합니다.

3 겉면을 본 상태에서 ④의 꼭지점에 실을 연결하여 옆판의 1단을 뜨고 바로 ⑤와 연결하여 ⑥을 뜹니다.

4 겉면을 본 상태에서 ⑤의 꼭지점에 실을 잇고 ④와 연결하여 ⑦을 뜹니다.

넥밴드

1 한쪽 어깨 모서리에서 시작하여 어깨코 13코에는 1코마다 1코씩, ①, ②의 옆선에서는 2단마다 5코의 비율로 짧은뜨기 1코, 사슬뜨기 1코를 반복해 1단을 뜹니다.

2 편물을 돌리지 않고 2단의 모든 코를 한길긴뜨기로 뜨고 3단은 1단과 같은 무늬로 뜬 후 마무리합니다.

옆판

1 겉면을 보고 있는 상태에서 ④의 꼭지점에 실을 연결하여 옆판 1단을 뜨고 옆선 중심을 기준으로 좌우 대칭이 되도록 반대편과 연결하여 뜹니다.

원작은 채움단(한길긴뜨기)과 비움단(한길긴뜨기와 사슬뜨기)을 반복하였으나 취향에 따라 조합을 다르게 해도 괜찮습니다.

밑단

1 옆판 중심에서 시작하여 겉면을 본 상태에서 4단마다 9코의 비율로 짧은뜨기 1코, 사슬뜨기 1코를 반복해 1단을 뜹니다.

2 2, 3단은 넥밴드와 같은 방법으로 뜨고 마무리합니다.

2, 3단을 반복하여 밑단을 길게 떠도 괜찮습니다.

소매단

1 어깨코의 중심에서 시작하여 어깨 13코와 진동 13코(L사이즈)는 1코마다 1코씩, 옆선에서는 33코씩 짧은뜨기 1코, 사슬뜨기 1코를 반복해 1단을 뜹니다.

2 2단부터 4/0호 바늘로 바꿔 2, 3단을 뜨고 마무리합니다.

소매단의 2, 3단만 4/0호 바늘로 뜨고 나머지는 모두 5/0호 바늘을 사용하되 본인의 손게이지에 따라 조정합니다.

시험뜨기 차트

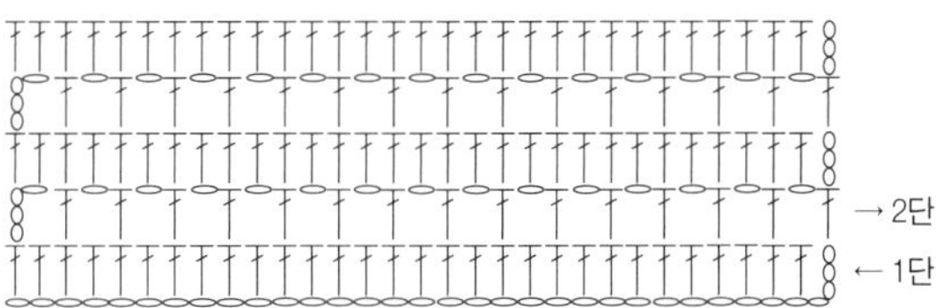

무늬뜨기 차트

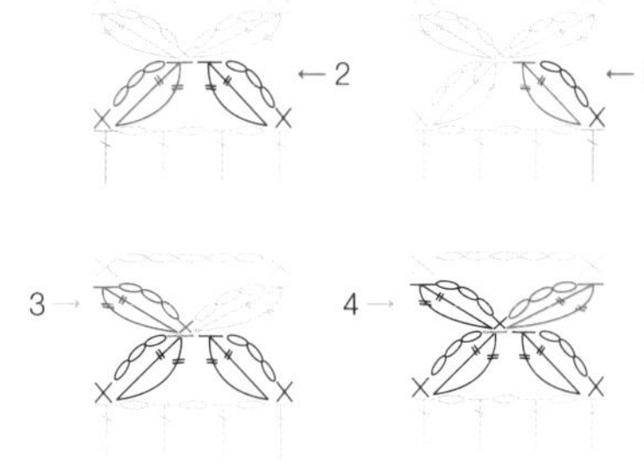

M사이즈 진동 연결 차트

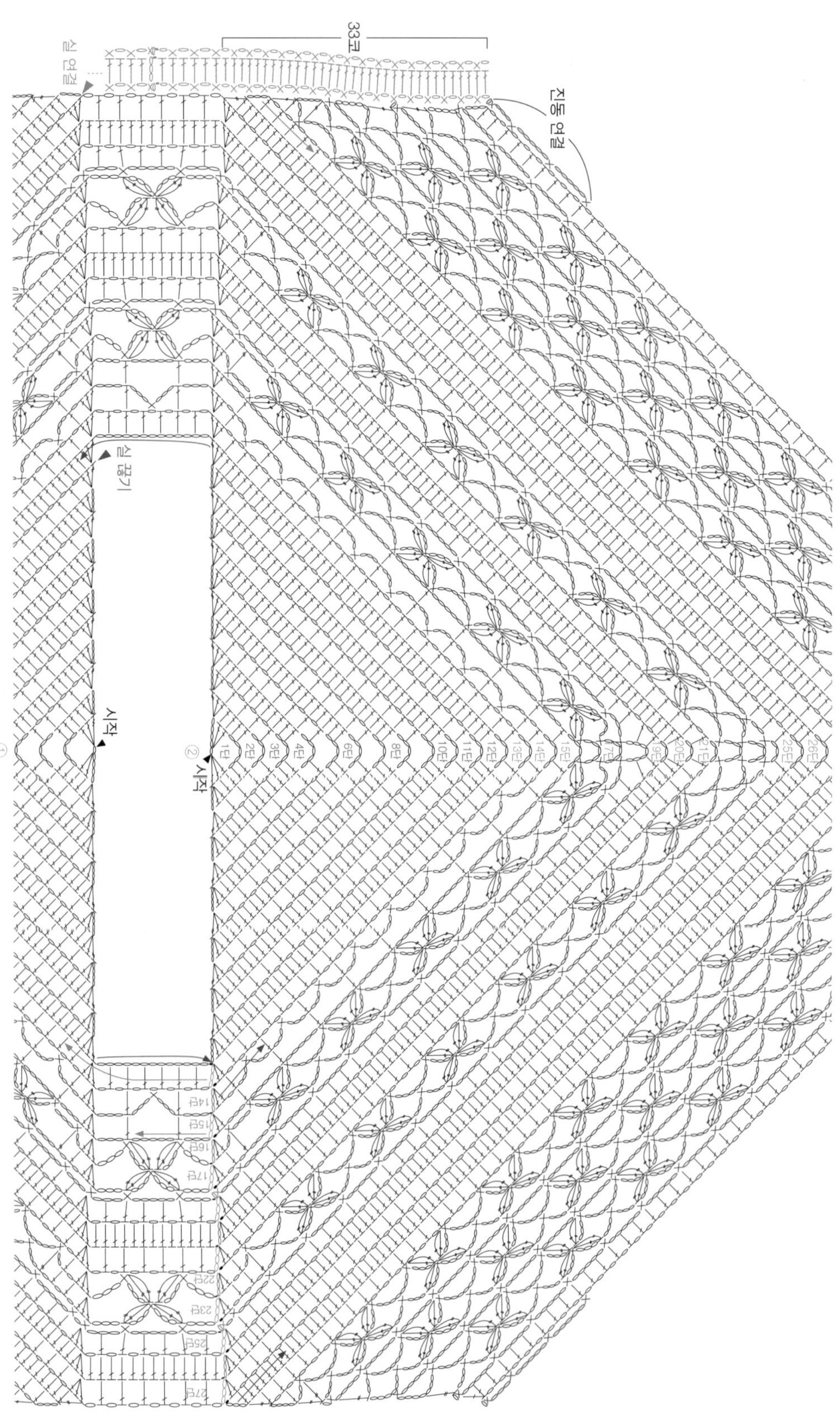
33코
실 연결
진동 연결
실 끊기
시작
①
②
시작
1단
2단
3단
4단
6단
8단
10단
11단
12단
13단
14단
15단
17단
19단
20단
21단
25단
26단
14단
15단
16단
17단
22단
23단
25단
27단

넥밴드 차트

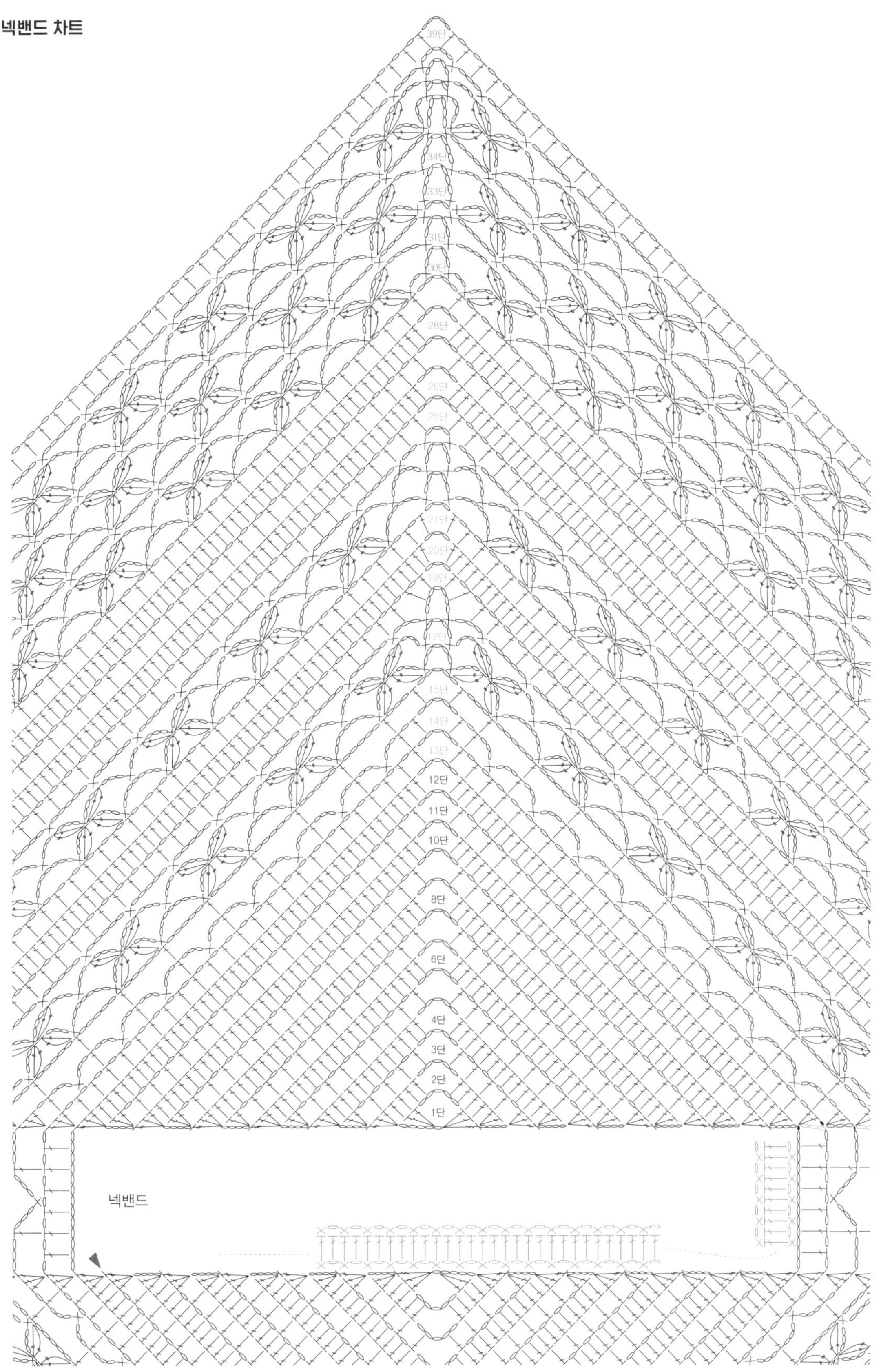

39단
34단
33단
31단
30단
28단
26단
25단
21단
20단
19단
17단
15단
14단
13단
12단
11단
10단
8단
6단
4단
3단
2단
1단
넥밴드

M사이즈 옆판 차트

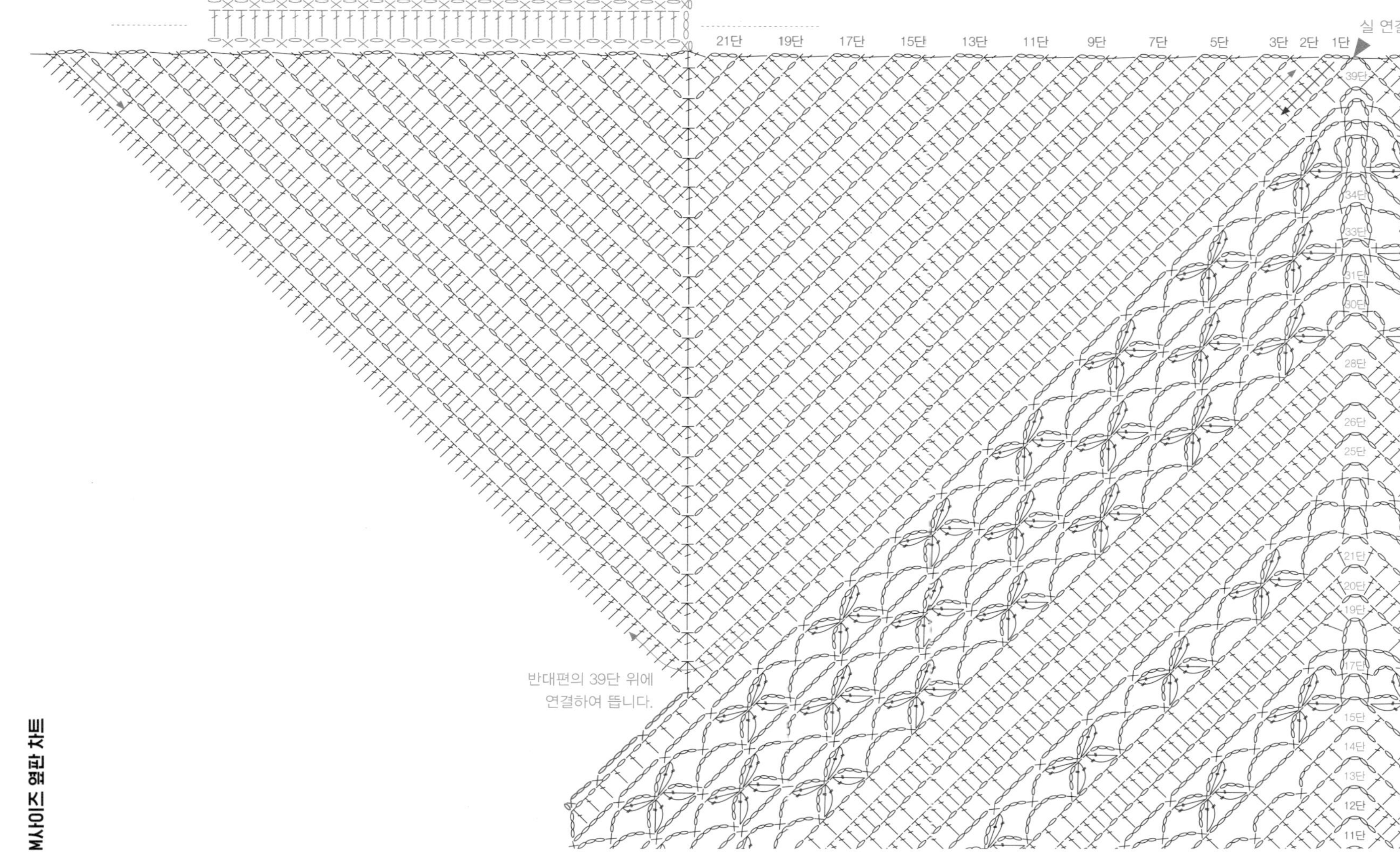

실 연결
21단
19단
17단
15단
13단
11단
9단
7단
5단
3단
2단
1단
39단
34단
33단
31단
30단
28단
26단
25단
21단
20단
19단
17단
15단
14단
13단
12단
11단
반대편의 39단 위에
연결하여 뜹니다.

L사이즈 옆판 차트

라벤더 숄

Lavender Shawl

작품 소개

주변의 소중한 사람들에게 감사를 전할 때 저는 숄을 떠서 선물하곤 합니다. 사이즈에 구애받지 않아 누구에게나 잘 어울리고 가볍게 걸칠 수 있어 실용적이기 때문입니다. 라벤더 숄은 부드러운 실루엣과 섬세한 패턴이 돋보이는 디자인으로 몸을 편안하게 감싸주는 느낌이 있어 선물용으로 적합합니다. 뜨는 과정이 어렵지 않으니 은은한 향기를 전하는 라벤더를 선물하듯 감사한 마음을 부드럽게 전해보세요. 라벤더 숄이 따뜻한 감사를 담아 전하는 특별한 선물이 되길 바랍니다.

기본 정보

실	Serebee(1볼 40g 240m, 면 50%, 텐셀 50%) 4볼
바늘	모사용 4/0호 코바늘
사이즈	폭 200cm, 높이 90cm

주의 사항

- 뜨는 사람에 따라 완성 사이즈는 달라집니다.
- 자신의 손게이지에 따라 바늘 사이즈를 정하세요.
- 세탁 후 약하게 탈수한 뒤 무늬가 잘 살아나도록 핀으로 고정해 건조합니다.

도식

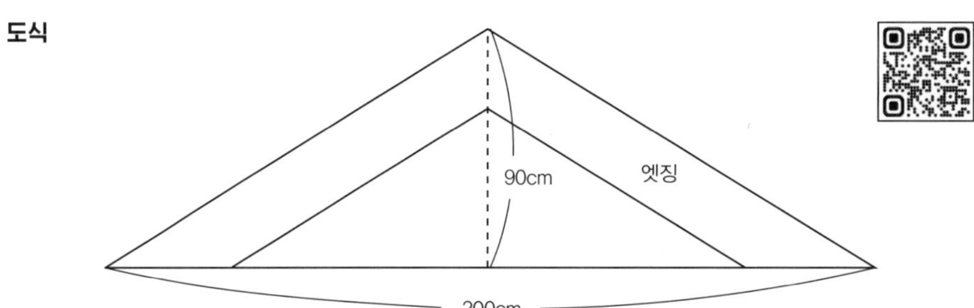

1 사슬뜨기 5코를 뜹니다.

2 첫 번째 사슬코에 한길긴뜨기를 뜹니다.

3 사슬 5코를 뜹니다.

4 첫 번째 사슬코에 한길긴뜨기를 뜹니다.

5 사슬뜨기 1코를 뜨고 첫 번째 사슬코에 두길긴뜨기를 뜹니다.

6 1단이 끝나면 계속해서 S사이즈는 40단까지, L사이즈는 58단까지 뜹니다.

자세한 방법은 QR코드를 참조하세요.

전체 차트

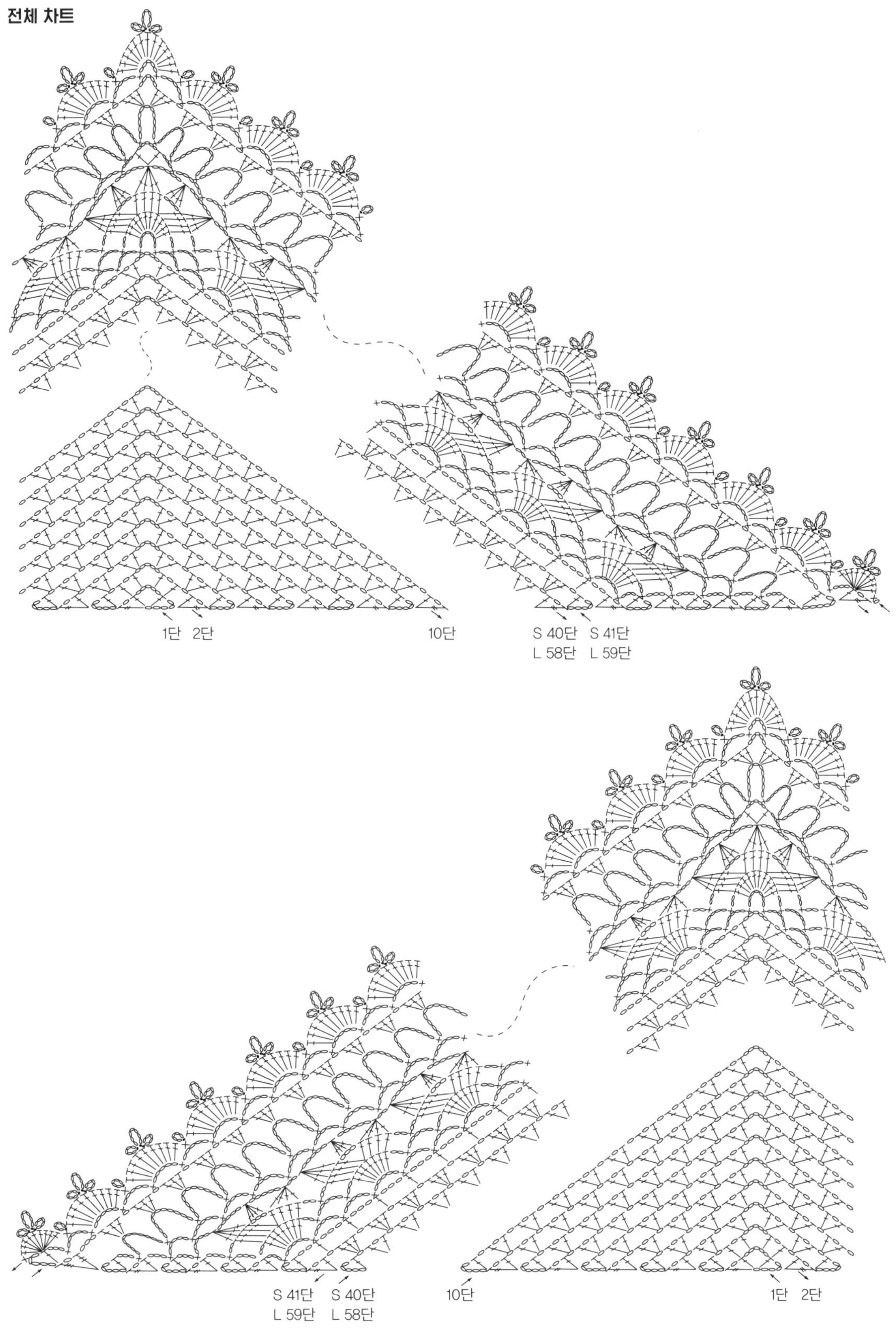

파인애플 볼레로

Pineapple Bolero

작품 소개

파인애플 무늬에서 영감을 받아 제작된 이 크로쉐 볼레로는 귀엽고 여성스러운 매력을 담고 있습니다. 섬세한 파인애플 패턴을 사용하여 여름철 민소매나 끈 원피스 위에 가볍게 걸쳐 입기 좋은 아이템입니다. 시원한 착용감과 통기성 있는 디자인으로 더운 날씨에도 쾌적함을 유지할 수 있으며 노출에 대한 부담을 줄여줍니다. 짧은 소매와 자연스럽게 흐르는 실루엣이 팔 라인을 부드럽게 감싸 우아한 분위기를 더해줍니다. 시원함과 스타일을 모두 잡을 수 있는 이 볼레로는 데일리룩으로도, 특별한 자리에서도 손색없는 완벽한 선택입니다.

기본 정보

실	Zoe(1볼 40g 150m, 면 100%) 4볼
바늘	모사용 4/0호 코바늘
게이지	파인애플 무늬 폭 8.5cm
사이즈	품 90cm, 어깨 둘레 94cm, 길이 25cm

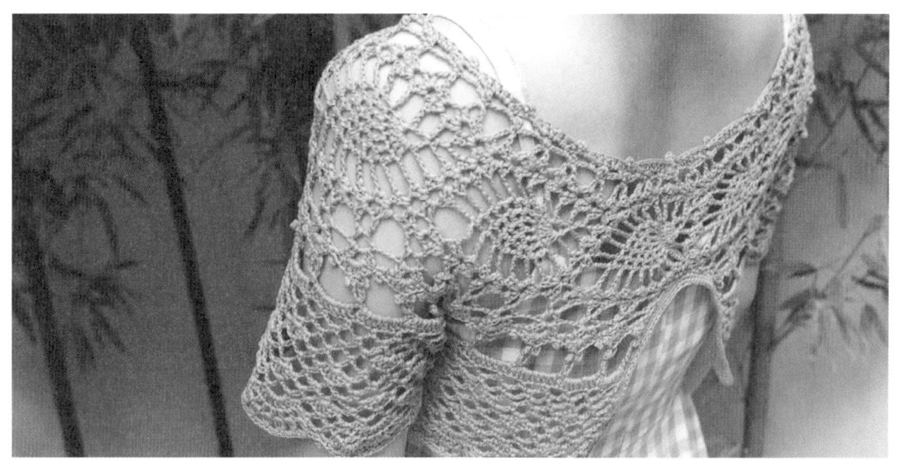

주의 사항

- 사이즈는 바늘 사이즈나 파인애플 무늬 개수로 조절하세요.
- 몸판과 소매의 길이는 원하는 만큼 조절할 수 있습니다.
- 77사이즈보다 더 큰 사이즈를 뜨거나 가는 실로 뜰 땐 자신의 어깨 둘레만큼의 길이가 될 때까지 뜨되 무늬 개수를 짝수로 맞추세요.

도식

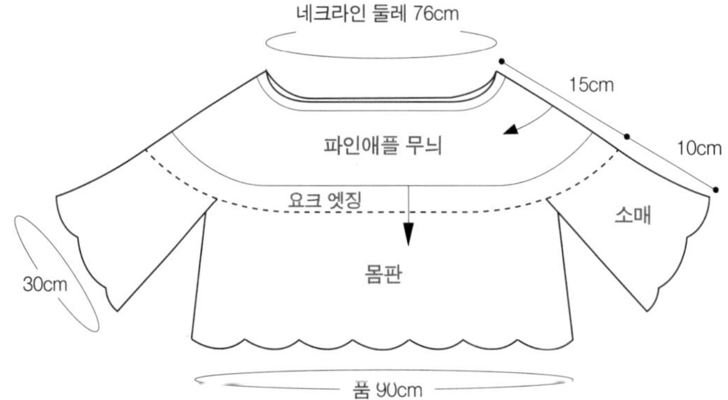

몸판 소매 분리 도식

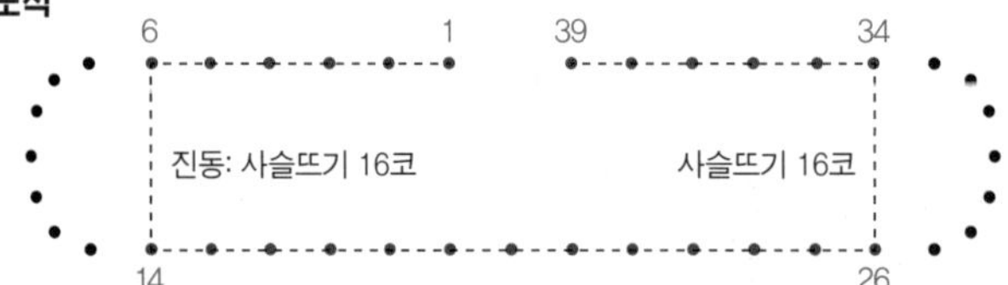

소매 도식

파인애플 무늬

1 사슬뜨기 23코를 만들고 사슬뜨기 3코를 추가로 떠 기둥코를 만들어준 후 차트대로 1단을 뜹니다.

짝수 단이 겉면입니다.

2 계속해서 차트대로 9단까지 뜨고 2~9단을 8번 더 반복합니다.

3 2~8단을 추가로 뜬 후 차트의 파란선을 따라 시작단과 연결해줍니다.

전체 무늬 개수는 10개가 됩니다.

4 마지막 빼뜨기가 끝난 후 바늘에 걸린 실의 고리를 길게 만들어 고리 사이로 실을 빼내어 매듭을 짓습니다.

5 차트의 빨간색으로 표시된 사슬뜨기 코에 빼뜨기를 한 후 네크라인 엣징을 시작합니다.

네크라인 엣징: 사슬뜨기 5코 안 공간에 짧은뜨기 하는 기법

6 원통뜨기로 2단까지 뜬 후 실을 자릅니다.

요크 엣징

1 파인애플 무늬 차트의 빨간선으로 표시된 위치에 빼뜨기로 실을 연결하고 차트대로 1~3단까지 뜹니다.

홀수 단이 겉면입니다.

2 마지막 코까지 뜬 후 실은 자르지 않습니다.

피콧(사슬뜨기 7코)은 39개가 됩니다.

몸판

1 요크 엣징 3단에서 만들어진 피콧의 순서대로 1, 6, 14, 26, 34번째 위치를 표시합니다.

짝수 단이 겉면입니다.

파인애플 무늬를 추가해 떴다면 적당한 비율로 몸판과 소매 위치를 구분하여 표시하세요.

2 요크 엣징 3단의 마지막 코와 연결하여 몸판의 1단을 시작합니다. 1단은 편물의 안쪽이 되므로 방향은 39 → 38 → 37 → 36 순서로 진행됩니다.

3 사슬뜨기 1코로 기둥코를 세우고 짧은뜨기 1코를 뜬 후 짧은뜨기 1코, 사슬뜨기 8코를 반복하여 34번째 피콧까지 뜹니다.

4 사슬뜨기 16코를 뜨고(진동) 26번째 피콧에 짧은뜨기 합니다.

연결되지 않은 33~25번 피콧은 나중에 소매가 됩니다.

5 계속해서 14번째 피콧까지 뜬 후 13~5번 피콧은 건너뛰고 사슬뜨기 16코를 뜨고(진동) 6번 피콧에 짧은뜨기 합니다.

6 계속해서 1번 피콧까지 연결합니다. 마지막에 짧은뜨기를 1코 더 뜹니다. 차트를 참조하세요.

7 차트대로 2단(겉면)을 뜹니다. 진동의 16코에는 한길긴뜨기 16코를 뜹니다.

선제 코수는 211코가 됩니다.

무늬를 추가했다면 2단이 끝난 후의 코수가 [16의 배수 + 3코]가 되도록 조절하세요.

8 계속해서 차트대로 14단까지 뜹니다. 무늬 개수는 13개가 됩니다.

9 14단의 마지막 코까지 뜨면 편물을 뒤집지 않고 사슬뜨기 1코를 뜬 후 옆선을 따라 빨간 화살표 방향대로 짧은뜨기를 합니다.

10 요크 엣징에서 8코, 파인애플 무늬에서 15코(연두색 선으로 표시된 부분)를 고르게 뜨고 반대편 요크 엣징에서 8코를 뜹니다.

11 옆선을 따라 짧은뜨기를 한 후 15단을 연결하여 뜹니다. 15단의 마지막 코가 끝난 후에도 옆선을 따라 짧은뜨기 단을 뜨고 16단으로 넘어갑니다.

14단부터 16단까지는 전체 코가 모두 연결된 상태로 떠주세요.

12 16단까지 뜬 후 마무리합니다.

몸판 길이를 늘이고 싶다면 6~9단을 원하는 만큼 추가해주세요.

소매

1 몸판에서 6번과 14번 사이에 만들어진 사슬뜨기 16코의 중심에 실을 연결하여 사슬뜨기 1코(기둥코)를 뜨고 짧은뜨기 1코를 뜹니다.

소매 1단의 시작이 됩니다.

2 사슬뜨기 8코를 뜨고 14번에 짧은뜨기를 합니다.

3 사슬뜨기 8코, 짧은뜨기 1코를 반복하여 6번까지 연결한 후 사슬뜨기 8코를 뜨고 시작코에 빼뜨기 합니다.

4 차트대로 16단까지 뜨고 마무리합니다.

5 반대편 소매는 34번과 26번 사이의 사슬뜨기 16코의 중심에서 시작하여 먼저 뜬 소매와 같은 방법으로 뜹니다.

몸판과 마찬가지로 길이를 늘이고 싶다면 6~9단을 원하는 만큼 반복하세요.

파인애플 무늬 차트

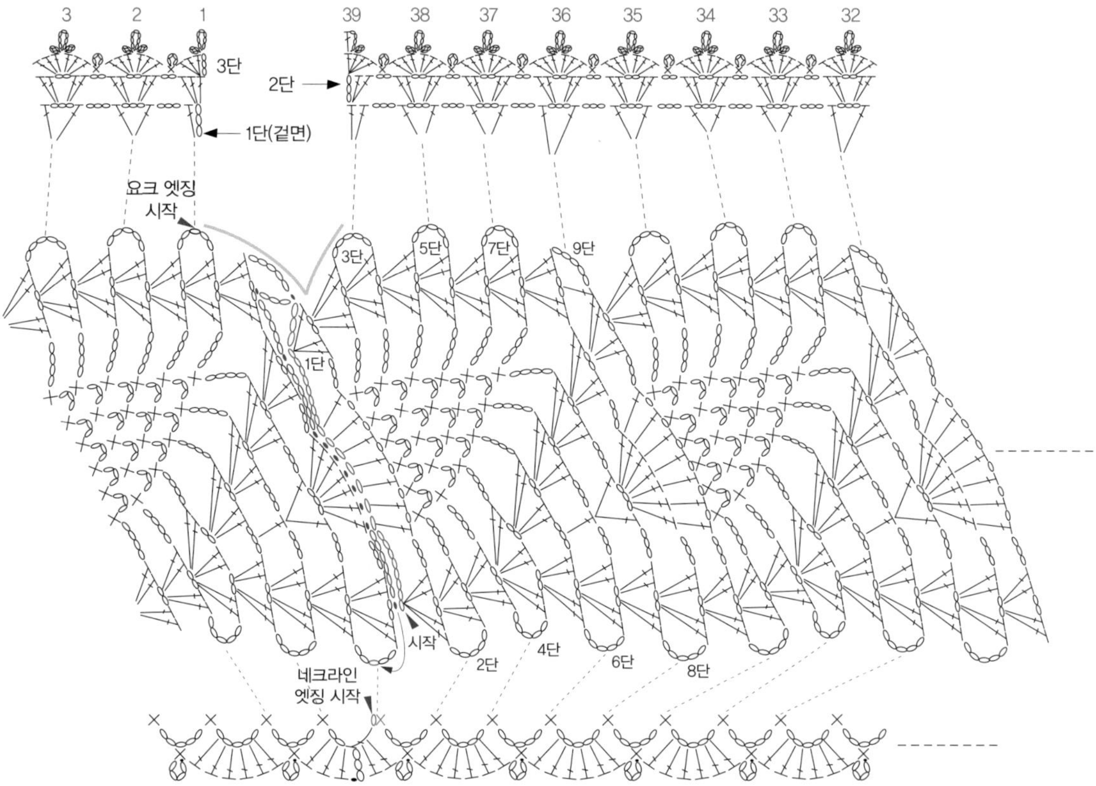
3
2
1
39
38
37
36
35
34
33
32
3단
2단
1단(겉면)
요크 엣징
시작
3단
5단
7단
9단
1단
시작
2단
4단
6단
8단
네크라인
엣징 시작

소매 차트

16단
14단
12단
10단
8단
6단
4단
3단
2단
1단
시작

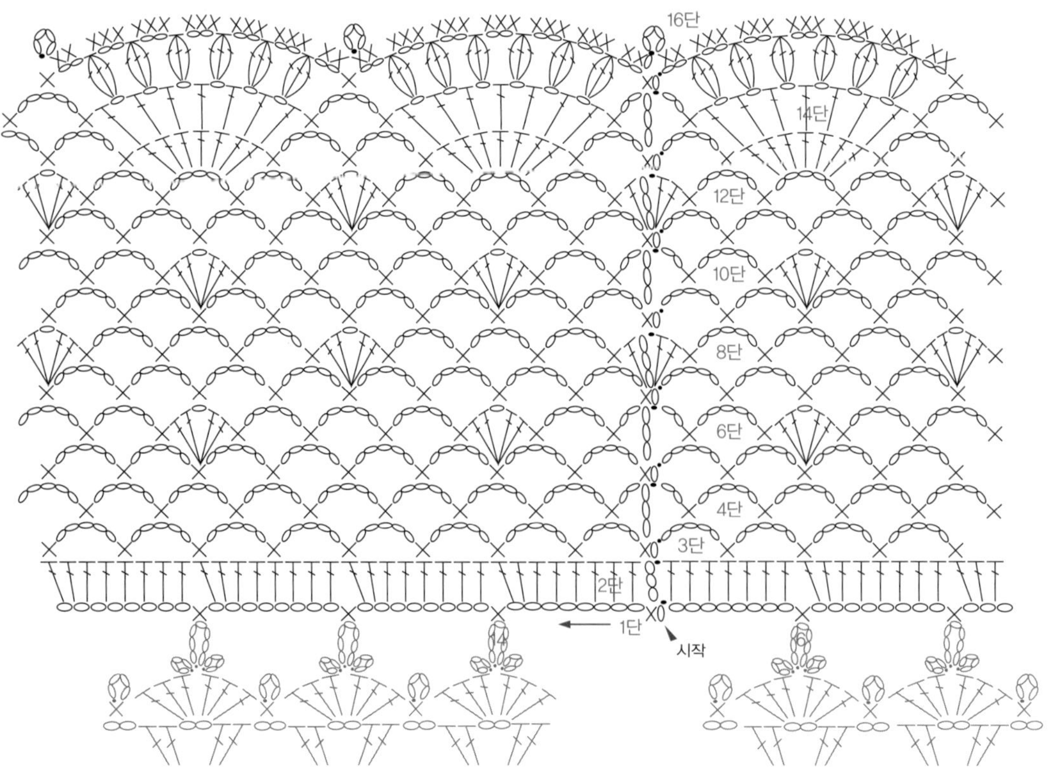

몸판 차트

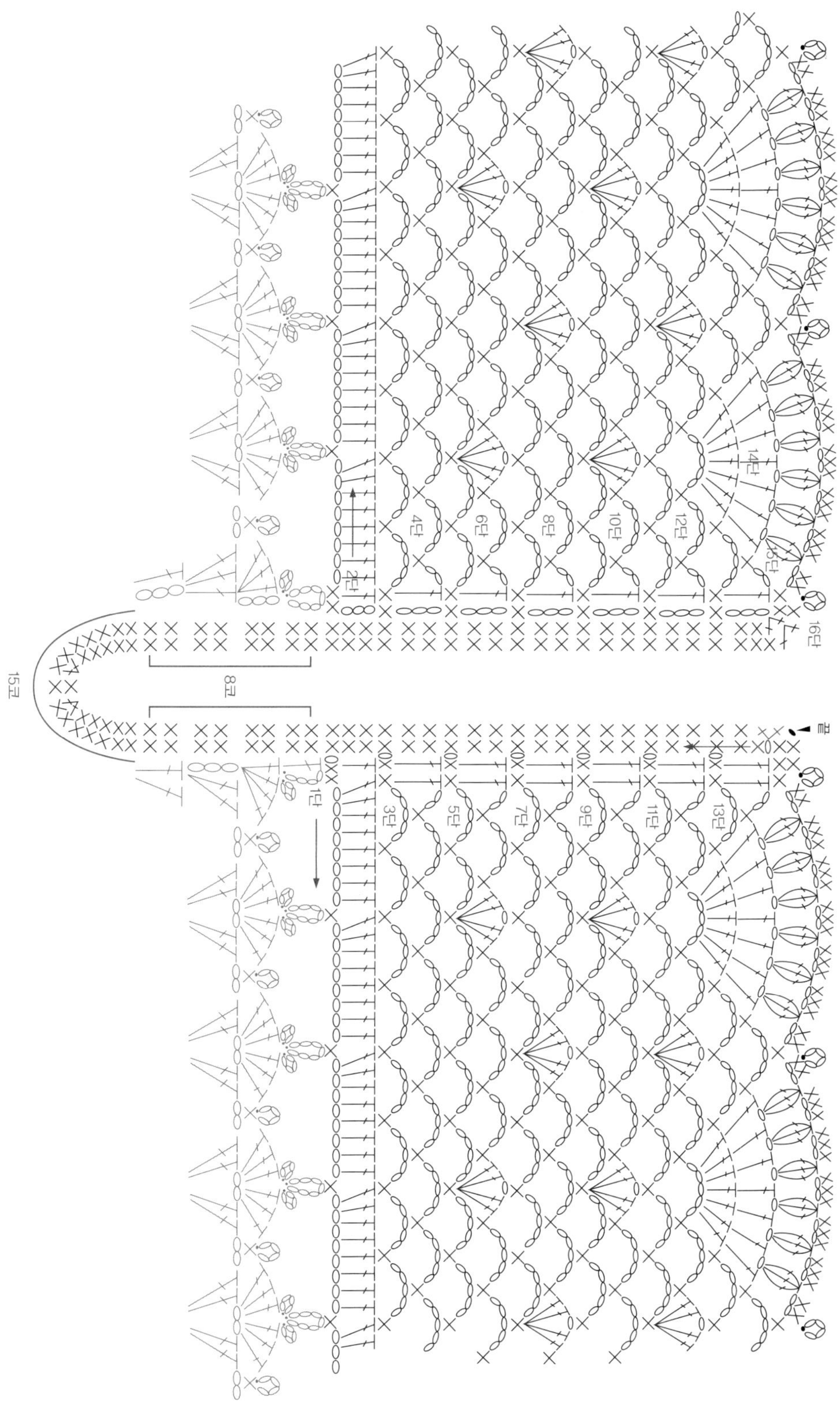

코럴 리프 모티프 톱

Coral Reef Motif Top

작품 소개

바닷속 산호 군락의 다채로운 풍경과 반짝이는 바다의 햇살에 영감을 받아 제작된 이 코바늘 톱은 따뜻한 여름 바다의 여유로움과 자연의 아름다움을 표현합니다. 꿈속 한 장면 같던 프리다이빙의 순간을 경험한 후 바다는 저에게 새로운 설렘이 되었습니다. 아름다운 산호초가 크고 작은 산호들이 모여 이루어진 것처럼 삼각, 사각 모티프를 연결하고 산호의 오톨도톨한 질감을 피콧으로 표현해보았어요. 코럴 리프 톱으로 해변에서도, 도심에서도 스타일리시하고 우아한 느낌을 연출할 수 있어요.

기본 정보

실	Tree II(1볼 40g 145m, 오가닉코튼 55%, 린넨 45%) 4볼
바늘	모사용 3/0호, 4/0호, 5/0호 코바늘
게이지	모티프1(4/0호): 대각선 20cm | 모티프2(3/0호): 대각선 19cm | 모티프2(5/0호): 대각선 23cm
사이즈	가슴 단면 40cm, 밑단 너비 36cm, 길이 36cm

주의 사항

- 여유분 없이 몸에 딱 맞게 입는 디자인으로 뒤쪽 끈으로 품 사이즈를 조절할 수 있습니다.
- 모티프 단수가 정해져 있기 때문에 사이즈 조정은 바늘 사이즈의 변경으로만 가능합니다.
- 모티프 1, 2를 떠본 후 사이즈를 가늠해 바늘 사이즈를 조정합니다.
- 더 큰 사이즈로 뜨고 싶을 땐 바늘 사이즈를 4/0호, 5/0호, 6/0호로 바꿔주고, 더 작은 사이즈로 뜨고 싶을 땐 바늘을 2/0호, 3/0호, 4/0호로 변경합니다.

도식

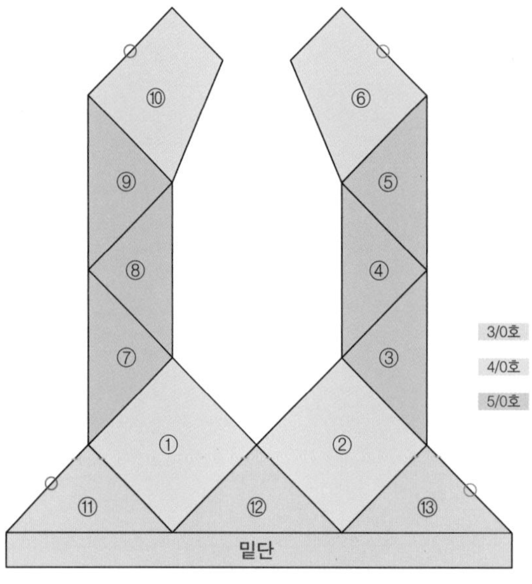

모티프 연결하기

①번 모티프는 모사용 4/0호로 모티프 1을 뜹니다.

②번 모티프는 모사용 4/0호로 모티프 1을 뜨면서 ①번 모티프의 한쪽 모퉁이와 연결합니다.

③번 모티프는 모사용 5/0호로 모티프 2를 뜨면서 ②번의 한쪽 변과 연결합니다.

④번 모티프는 모사용 5/0호로 모티프 2를 뜨면서 ③번의 한쪽 변과 연결합니다.

⑤번 모티프는 모사용 5/0호로 모티프 2를 뜨면서 ④번의 한쪽 변과 연결합니다.

⑥번 모티프는 모사용 4/0호로 모티프 3을 뜨면서 ⑤번의 한쪽 변과 연결합니다.

⑦번 모티프는 모사용 5/0호로 모티프 2를 뜨면서 ①번의 한쪽 변과 연결합니다.

⑧번 모티프는 모사용 5/0호로 모티프 2를 뜨면서 ⑦번의 한쪽 변과 연결합니다.

⑨번 모티프는 모사용 5/0호로 모티프 2를 뜨면서 ⑧번의 한쪽 변과 연결합니다.

⑩번 모티프는 모사용 4/0호로 모티프 4를 뜨면서 ⑨번의 한쪽 변과 연결합니다.

⑪번 모티프는 모사용 3/0호로 모티프 2를 뜨면서 ①번, ⑩번과 연결합니다.

⑫번 모티프는 모사용 3/0호로 모티프 2를 뜨면서 ①번, ②번과 연결합니다.

⑬번 모티프는 모사용 3/0호로 모티프 2를 뜨면서 ②번, ⑥번과 연결합니다.

97쪽의 모티프 차트를 참조해주세요.

밑단

1 ⑪번 모티프의 끝에 실을 연결하여 밑단 1~5단을 뜹니다.

2 5단의 끝에서 실을 자르지 않고 사슬뜨기 3코, 짧은뜨기 1코가 반복되는 전체 엣징 1단을 뜹니다.

3 시작점으로 돌아오면 기둥코 3코를 뜨고 한길긴뜨기와 피콧 무늬로 엣징 2단을 뜹니다. 시작점으로 돌아온 후 빼뜨기로 연결합니다.

소매 엣징

1 편물 안면을 본 상태에서 모티프 ③과 ⑤, ⑥과 ⑬이 만나는 꼭지점에 실을 연결하여 99쪽 소매 엣징 차트의 파란색으로 표시된 위치만큼 모티프 ③과 ⑤를 겹쳐 짧은뜨기와 사슬뜨기 3코를 반복해 연결합니다.

2 연결이 끝나면 편물을 뒤집어 겉면을 본 상태로 만든 후 사슬뜨기 3코, 짧은뜨기 1코를 반복하여 엣징 1단을 떠서 원통으로 연결합니다.

3 시작점으로 돌아오면 기둥코로 사슬뜨기 3코를 뜨고 엣징 2단을 뜹니다. 시작점으로 돌아오면 빼뜨기로 마무리합니다.

반대편 소매 엣징도 같은 방법으로 뜹니다.

소매를 넓게 하고 싶다면 모티프 ③과 ⑤를 연결하는 부분을 좁게 하세요.

조임끈

1 사슬뜨기로 120cm(혹은 원하는 길이)가 될 때까지 뜨고 모두 긴뜨기로 뜹니다.

2 모티프 ⑩과 ⑥ 사이 엣징에 끈을 끼워 원하는 스타일로 연출합니다.

모티프 차트

모티프 1

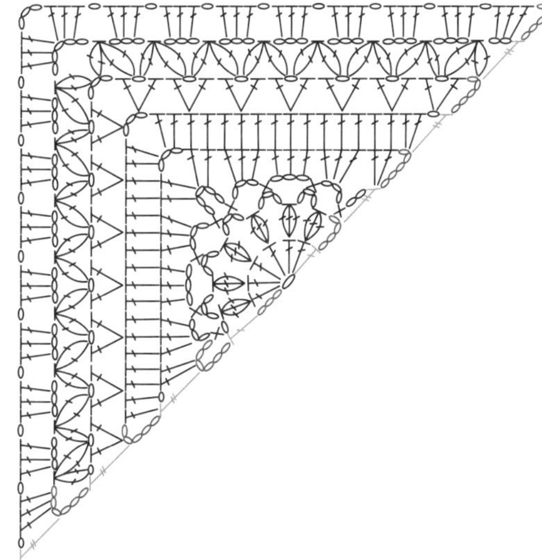

모티프 2

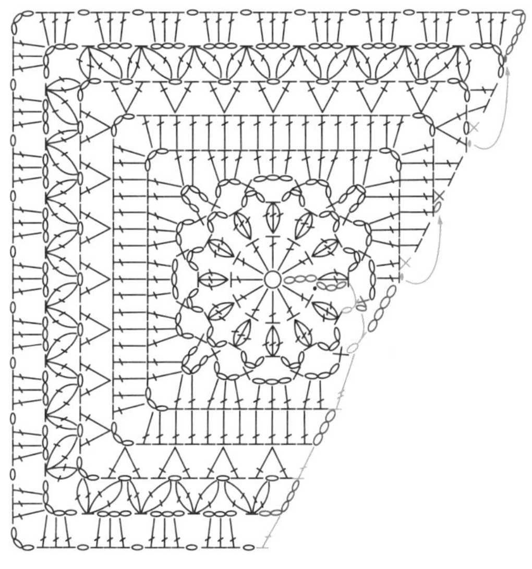

모티프 3

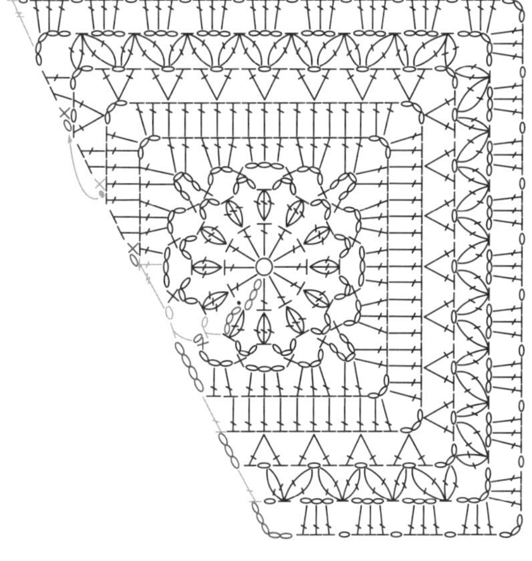

모티프 4

밑단 차트

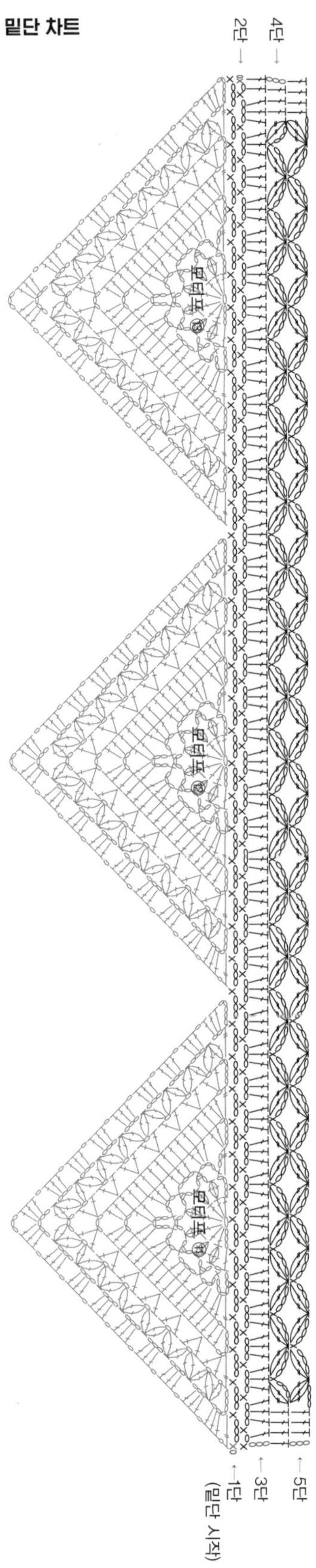

소매 엣징 차트

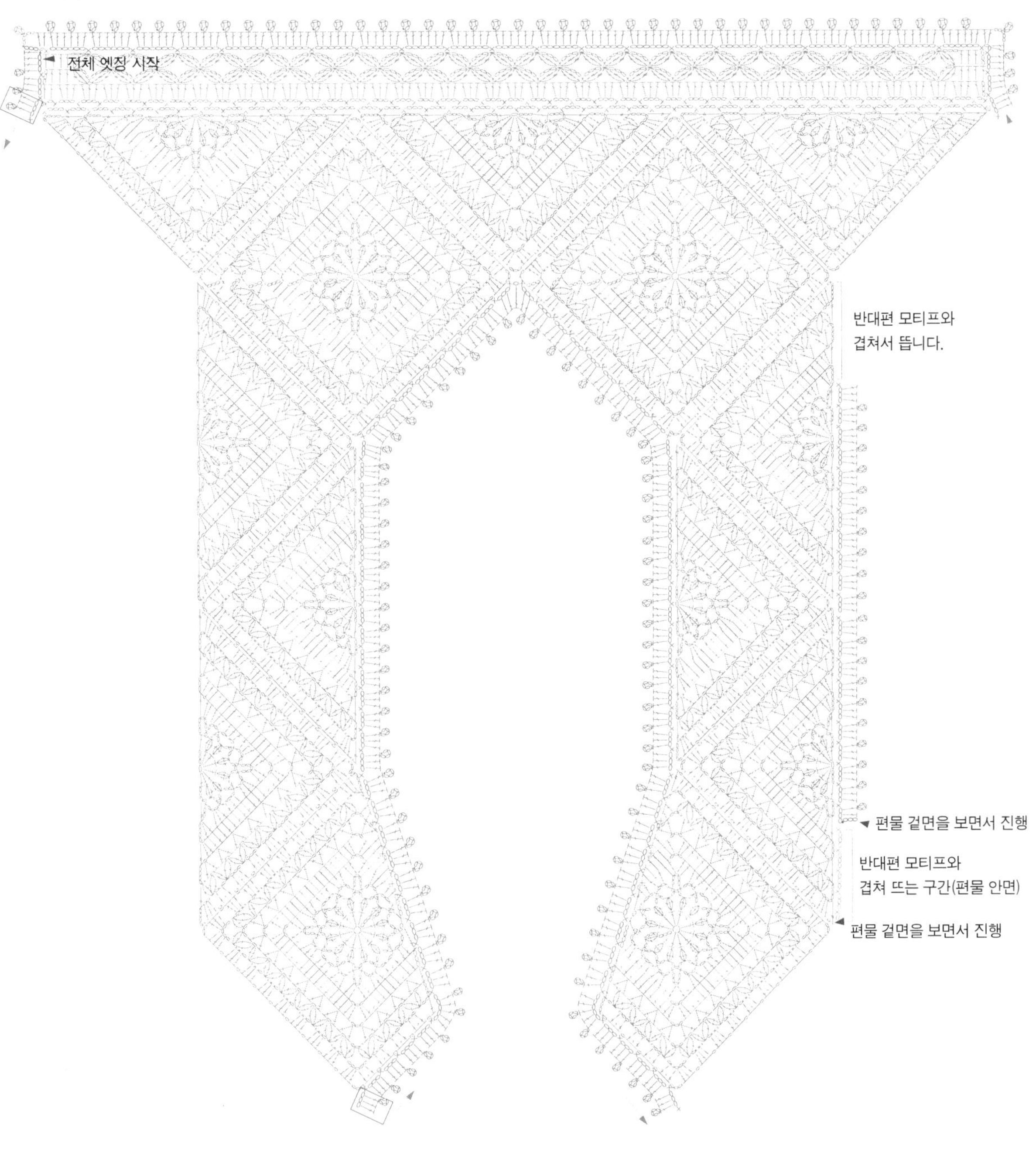

전체 엣징 시작
반대편 모티프와
겹쳐서 뜹니다.
편물 겉면을 보면서 진행
반대편 모티프와
겹쳐 뜨는 구간(편물 안면)
편물 겉면을 보면서 진행

레이첼, 그레이스, 에이미 세 자매 우드링 백

Rachel, Grace, Aimee

작품 소개

세 자매 가방 시리즈는 '레이첼'이란 닉네임을 가진 뜨개 이웃에게서 시작되었습니다. 오랫동안 뜨개 작업을 하다 보니 문득 드는 회의감에 빠진 적이 있었어요. 그때 레이첼 님이 만든 아름다운 블랭킷을 보게 되었습니다. 우아함을 잃지 않는 레이첼 님의 꾸준한 작업들을 보며 일을 하면서도 나의 색을 잃지 않아야 한다는 걸 깨닫게 되었습니다. 그래서 그때 새롭게 만든 첫 번째 가방은 레이첼이란 이름으로, 두 번째 가방은 우아한 블랭킷의 이름을 딴 '그레이스'로 지었습니다. 늘 응원해주는 맏언니를 상상하며 만든 레이첼과 무뚝뚝하지만 어른스러운 둘째 언니 그레이스, 이 두 자매를 만든 후 마지막으로 가장 사랑스럽고 따뜻한 막내 '에이미'를 만들었어요. 세 가지 디자인, 세 가지 감성, 그리고 저마다의 이야기를 품은 가방이 여러분의 손끝에서 또 다른 이야기로 재탄생하길 바랍니다.

기본 정보

실	Zoe(1볼 40g 150m, 면 100%) 레이첼(814번): 5볼 / 그레이스(803번): 6볼 / 에이미(804번): 4볼
바늘	모사용 5/0호 코바늘
부자재	돗바늘, 우드링 손잡이(외경 16cm) 1쌍
게이지	그레이스 무늬 24코 10단(10cm 기준)
사이즈	폭 32cm, 높이 36cm(손잡이 제외)

주의 사항

- Zoe 실은 2겹으로 작업합니다. 다른 실을 사용할 경우 40g 75m를 기준으로 비슷한 실을 고르세요.
- 바닥과 네트 부분은 모든 디자인이 동일하고 중간의 무늬만 다릅니다.
- 네트 부분이 너무 느슨해지지 않도록 주의해주세요.
- 그레이스 무늬는 촘촘해지기 쉬우니 너무 당겨 뜨지 마세요.
- 바닥까지 뜨고 사이즈를 본 후 바늘 사이즈를 조정하세요.
- 무늬마다 약간씩 차이가 있으며 내용물이 무거울수록 아래로 처질 수 있습니다.

도식

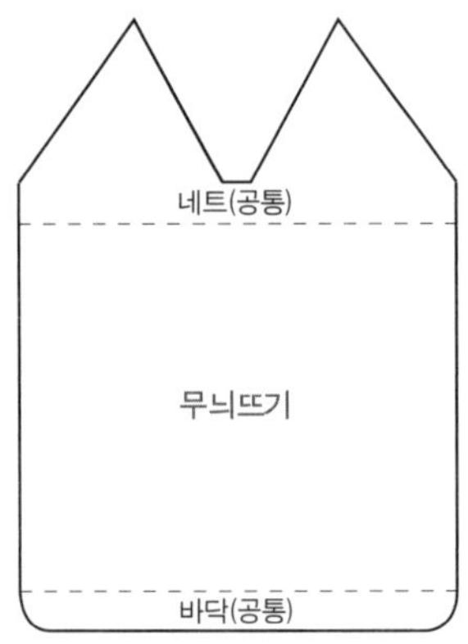

바닥(공통 과정)

1 사슬뜨기 69코를 만들어 짧은뜨기로 3단을 뜹니다.

2 4단을 뜰 차례에서 바늘에 걸린 실고리를 크게 만들어 실을 빼내어 매듭을 짓습니다.

3 옆선의 2단 위치(바닥 차트의 파란 화살표)에 빼뜨기 하여 사슬코를 뜨고 4단을 시작합니다.

4 바닥 차트의 빨간 화살표 방향대로 진행하면서 코마다 1코씩 짧은뜨기를 해 총 69코를 떠줍니다. 양쪽 옆선에서는 3코씩 총 144코를 짧은뜨기로 뜨고 첫 번째 코와 만나면 빼뜨기로 연결합니다.

5단: 사슬뜨기 3코를 뜨고 같은 자리에 한길긴뜨기를 뜹니다. 코마다 한길긴뜨기를 뜨고 마지막 코를 뜬 후 사슬뜨기 3코가 아닌 첫 번째 한길긴뜨기 위에 빼뜨기 합니다. 1과 2의 위치를 표시해 둡니다.

레이첼 **무늬뜨기**

1 차트 내 1의 위치에서 무늬뜨기 1단을 시작합니다.

2 차례대로 2까지 뜨고 난 후 1~2 사이를 한번 더 반복하고 계속해서 원통으로 29단까지 뜹니다.

105쪽의 레이첼 차트를 참조하세요.

네트

1 무늬뜨기에 이어 네트 무늬 1~3단까지 원통으로 뜨고 4단은 파란색 화살표 지점까지 뜹니다.

2 11단까지 뜬 후 실을 자릅니다. 두 번째 시작점에 실을 연결하여 4~11단을 뜹니다. 반대편도 대칭이 되도록 뜹니다.

3 마지막 삼각형이 끝나면 실을 끊지 않고 전체 테두리에 짧은뜨기 한 단을 뜹니다.

우드링 연결(공통 과정)

1 실 2겹을 6m 길이로 자른 후 돗바늘에 끼워 반으로 접습니다. 돗바늘에 끼워진 실은 4겹으로 3m 길이가 됩니다.

2 우드링을 감싸며 마지막 짧은뜨기 단의 코마다 한 번씩 감침질을 합니다.

그레이스 무늬뜨기

1 차트 내 1의 위치에서 무늬뜨기 1단을 시작합니다.

2 2까지 뜨면 1~2 사이를 한 번 더 반복하고, 1~4단을 반복하여 25단까지 뜹니다.

106쪽의 그레이스 무늬뜨기 차트를 참조하세요.

네트

네트 무늬로 바꿔 1~3단을 뜨고 4단부터 4군데로 나눠 각기 따로 뜬 후 마무리합니다.

에이미 무늬뜨기

1 차트 내 1의 위치에서 무늬뜨기 1단을 시작합니다.

2 2까지 뜨면 1~2 사이를 한 번 더 반복하고, 1~6단을 반복하면서 22단까지 뜹니다.
차트대로 23~25단을 뜹니다.

107쪽의 에이미 무늬뜨기 차트를 참조하세요.

네트

네트 무늬로 바꿔 1~3단을 뜨고 4단부터 4군데로 나눠 각기 따로 뜬 후 마무리합니다.

바닥 차트

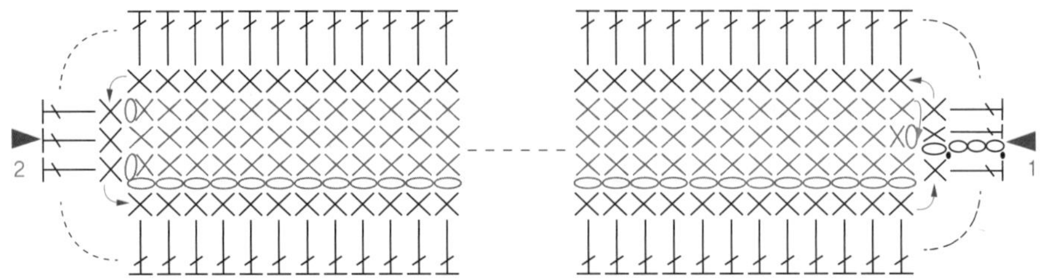

레이첼 차트

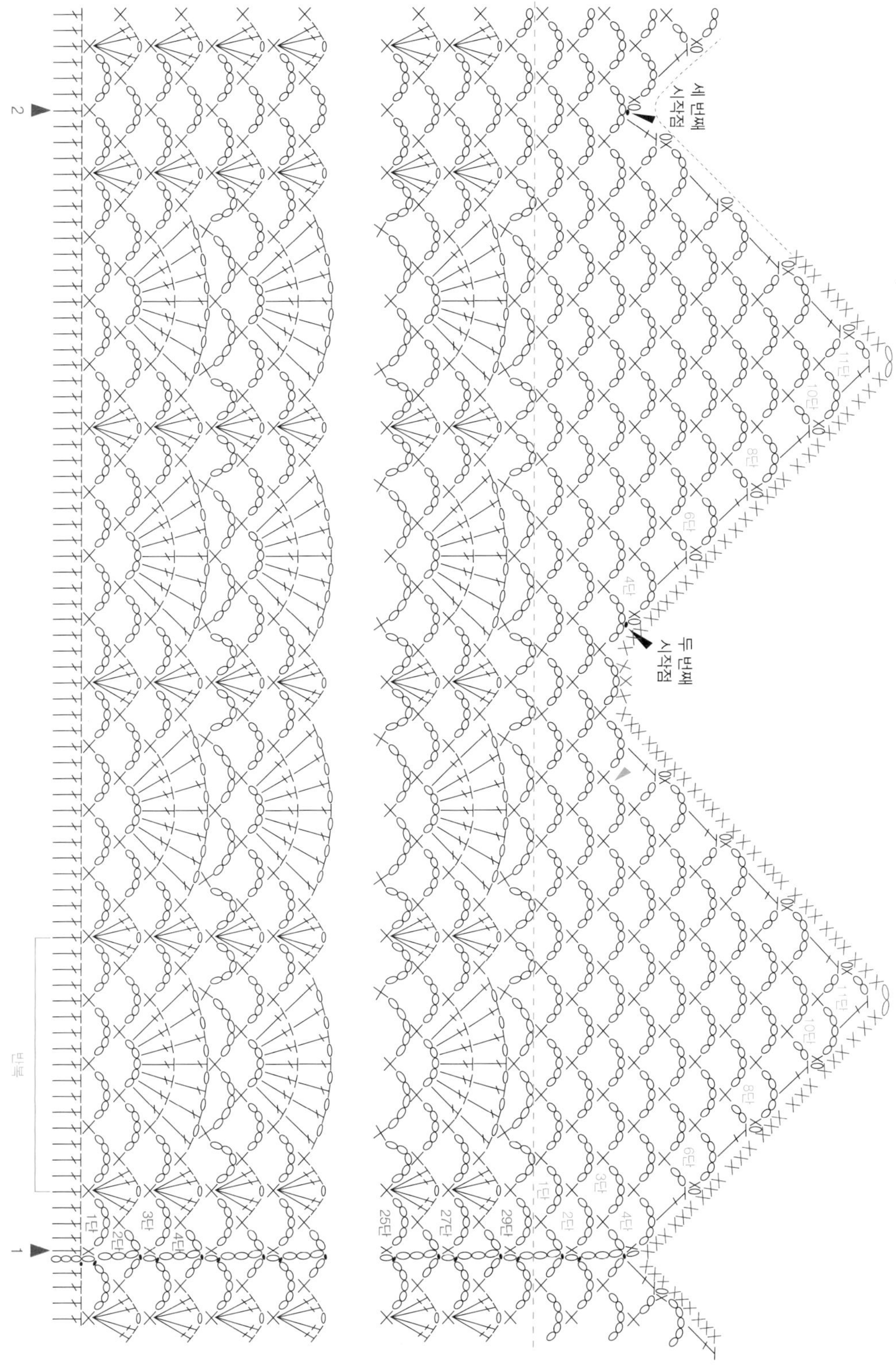

그레이스 무늬뜨기 차트

에이미 무늬뜨기 차트

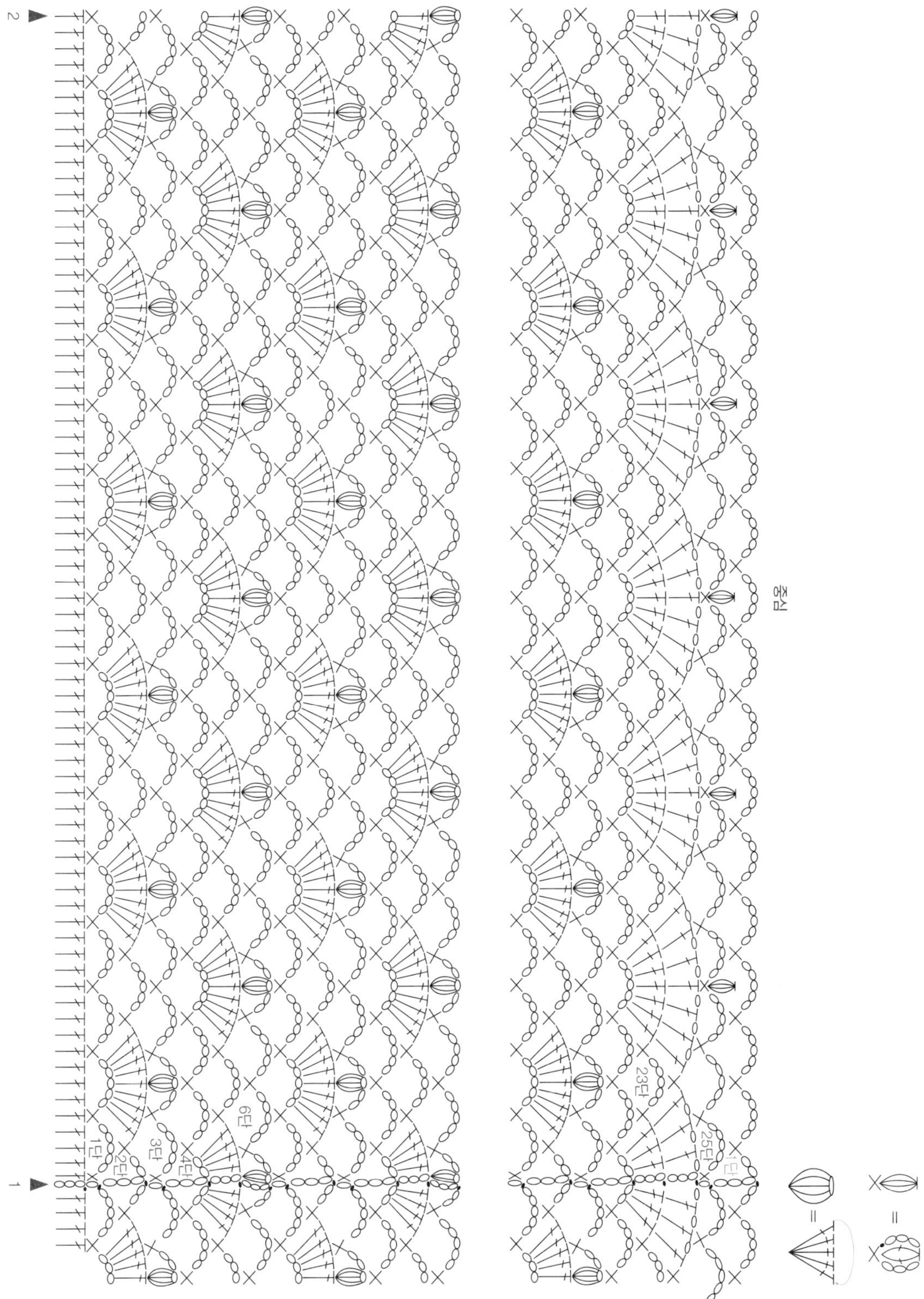

Crochet

Part 2

대바늘 뜨개

아미티에 숄

Amitié Shawl

작품 소개

몇 년 전 아일랜드에서 3개월을 지낸 적이 있었어요. 한국으로 돌아가기 전 홈스테이를 했던 호스트에게 뜨개 선물을 주고 싶었습니다. 하지만 남아있는 실이 얼마 없어 아미티에 카디건의 무늬를 활용한 숄을 떠서 선물했어요. 삼각 숄은 코늘림 규칙만 익히면 얼마든지 다른 무늬를 넣어 뜨기 좋은 아이템입니다. 쉽게 뜰 수 있어 선물하기에도 좋고요. 아일랜드에서의 따뜻한 기억을 담은 이 숄이 여러분에게도 소중한 사람에게 마음을 전하는 특별한 선물이 되길 바랍니다.

기본 정보

	투스카니 트위드 버전(흰색 실)	무스타슈 버전(붉은색 실)	수리 스폿 버전(아이보리색 실)
실	Tuscany Tweed(1볼 50g 170m, 울 55%, 비스코스 30%, 알파카 15%) 002번 4볼	Fonty Moustache(1볼 50g 225m, 메리노울 50%, 키드 실크모헤어 30%, 실크 20%) 402번 3볼	Knitree Suri Sport 300(1타래 100g 300m, 수리알파카 50%, 메리노울 50%) 3타래
바늘	4.0mm 대바늘		
게이지	4.0mm 무늬뜨기(132~184단) 1.5코 3.5단(1cm 기준)		
사이즈	폭 190cm, 높이 75cm		

주의 사항

- 이 책에서의 코늘림은 M1L, M1R과 바늘비우기를 무늬에 따라 다르게 사용하였으며 똑같이 하지 않아도 됩니다.
- 중심코를 기준으로 A, B 차트로 나뉘며 A와 B는 거의 비슷하나 중심코를 기준으로 좌우 대칭이 되도록 무늬가 구성되어 있습니다.
- 각 A와 B의 시작과 끝이 대칭되는 부분도 있지만 그렇지 않은 무늬도 있으니 차트의 시작과 끝을 꼭 확인해 주세요.
- 마커는 항상 첫 4코 뒤, 중심코, 마지막 4코 전에 위치해야 합니다.

도식

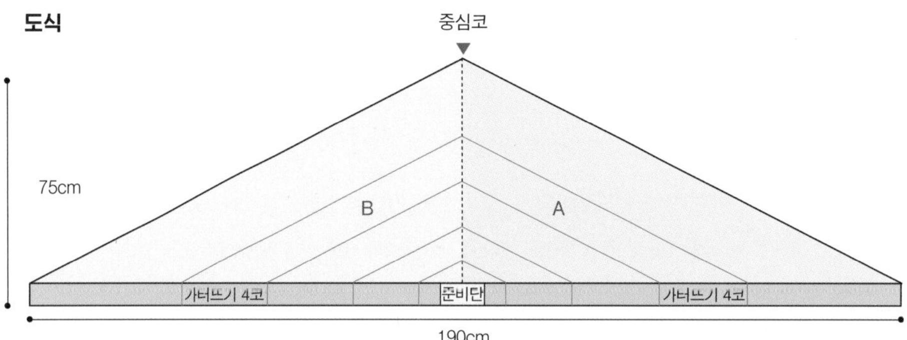

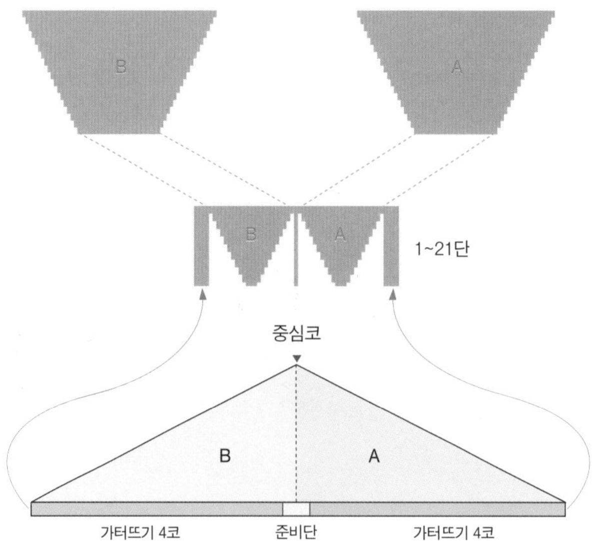

준비단

1 4코를 만들어 가터뜨기로 14단을 뜹니다.

2 편물을 뒤집지 않고 오른쪽으로 돌려 옆선에서 2단마다 1코씩 7코를 줍습니다.

시작코에서 4코를 추가로 주워 전체 코수는 15코가 됩니다.

준비단을 만드는 자세한 방법은 QR코드를 참조하세요.

3 다음부터 1단이 됩니다.

1단: 겉뜨기 4코, 4코 남을 때까지 안뜨기, 남은 4코는 겉뜨기

4 양쪽 4코 전후와 중심코에 마커를 끼웁니다.

2단: 겉뜨기 4코, 마커 옮기기, M1R, 중심코 전까지 겉뜨기, M1L, 중심코 겉뜨기, M1R, 4코 전까지 겉뜨기, M1L, 겉뜨기 4코

전체 코수는 19코가 됩니다.

3, 5단: 1단과 똑같이 뜹니다.

4, 6단: 2단과 똑같이 뜹니다.

7단: 모두 겉뜨기

8단: 겉뜨기 4코, 바늘비우기, [오른코겹치기, 바늘비우기], [ ]를 4번 반복, 겉뜨기 1코, 바늘비우기, 중심코 겉뜨기, 바늘비우기, [오른코겹치기, 바늘비우기], [ ]를 4번 반복, 겉뜨기 1코, 바늘비우기, 겉뜨기 4코

9단: 모두 겉뜨기

10단: 겉뜨기 4코, 바늘비우기, 중심코 전까지 겉뜨기, 바늘비우기, 중심코 겉뜨기, 바늘비우기, 4코 전까지 겉뜨기, 바늘비우기, 겉뜨기 4코

11단: 겉뜨기 4코, 4코 남을 때까지 안뜨기, 겉뜨기 4코

13, 15, 17, 19단도 11단과 같은 방법으로 뜹니다.

5 12, 14, 16, 18, 20, 21단은 아래와 같이 뜹니다.

12단: 겉뜨기 4코, 바늘비우기, [왼코겹치기, 바늘비우기], [ ]를 3번 반복, 겉뜨기 1코, [바늘비우기, 오른코겹치기], [ ]를 3번 반복, 바늘비우기, 중심코 겉뜨기, 바늘비우기, [왼코겹치기, 바늘비우기], [ ]를 3번 반복, 겉뜨기 1코, [바늘비우기, 오른코겹치기], [ ]를 3번 반복, 바늘비우기, 겉뜨기 4코

14단: 겉뜨기 4코, 바늘비우기, [왼코겹치기, 바늘비우기], [ ]를 3번 반복, 겉뜨기 3코, [바늘비우기, 오른코겹치기], [ ]를 3번 반복, 바늘비우기, 중심코 겉뜨기, 바늘비우기, [왼코겹치기, 바늘비우기], [ ]를 3번 반복, 겉뜨기 3코, [바늘비우기, 오른코겹치기], [ ]를 3번 반복, 바늘비우기, 겉뜨기 4코

16단: 겉뜨기 4코, 바늘비우기, [왼코겹치기, 바늘비우기], [ ]를 4번 반복, 겉뜨기 1코, [바늘비우기, 오른코겹치기], [ ]를 4번 반복, 바늘비우기, 중심코 겉뜨기, 바늘비우기, [왼코겹치기, 바늘비우기], [ ]를 4번 반복, 겉뜨기 1코, [바늘비우기, 오른코겹치기], [ ]를 4번 반복, 바늘비우기, 겉뜨기 4코

18단: 겉뜨기 4코, 바늘비우기, [왼코겹치기, 바늘비우기], [ ]를 4번 반복, 겉뜨기 3코, [바늘비우기, 오른코겹치기], [ ]를 4번 반복, 바늘비우기, 중심코 겉뜨기, 바늘비우기, [왼코겹치기, 바늘비우기], [ ]를 4번 반복, 겉뜨기 3코, [바늘비우기, 오른코겹치기], [ ]를 4번 반복, 바늘비우기, 겉뜨기 4코

20단: 겉뜨기 4코, 바늘비우기, 중심코 전까지 모두 겉뜨기, 바늘비우기, 중심코 겉뜨기, 바늘비우기, 4코 전까지 겉뜨기, 바늘비우기, 겉뜨기 4코

21단: 모두 겉뜨기

- 22단부터는 차트로 설명되며 처음과 마지막의 4코, 중심코는 생략되었습니다.
- 처음과 마지막의 4코는 항상 겉뜨기로 뜹니다.
- 중심코는 짝수 단에서는 겉뜨기, 홀수 단에서는 안뜨기로 뜨되 특정 홀수 단(7, 9, 21단 등)에서는 겉뜨기로 뜹니다.

6 아래와 같이 22~191단을 떠주세요.

짝수 단(편물 겉면): 겉뜨기 4코 → 기호 그대로 진행하며 차트 A의 오른쪽에서 왼쪽 → 중심코 → 기호 그대로 진행하며 차트 B의 오른쪽에서 왼쪽 → 겉뜨기 4코

홀수 단(편물 안면): 겉뜨기 4코 → 기호 반대로 진행하며 차트 B의 왼쪽에서 오른쪽 → 중심코 → 기호 반대로 진행하며 차트 A의 왼쪽에서 오른쪽 → 겉뜨기 4코

- 기호 반대로 뜰 땐 겉뜨기 기호면은 안뜨기로, 안뜨기 기호면은 겉뜨기로 뜹니다.
- 중심코는 짝수 단에서는 겉뜨기, 홀수 단에서는 안뜨기로 뜨되 특정 홀수 단(파란색으로 표시된 단)에서는 겉뜨기로 뜹니다.

7 위 방법으로 차트 22~57단 → 58~91단 → 92~131단 → 132~184단을 순서대로 뜨고 185단부터는 모든 코를 겉뜨기로 뜨면서 처음과 끝의 4코 전후, 중심코의 전후에서 코늘림을 합니다.

- 이 책보다 작게 뜨고 싶다면 132단 이후의 무늬 단수를 조절하세요.
- 코늘림이 끝난 후 전체 코수를 꼭 확인해주세요.

8 191단까지 뜬 후 덮어씌워 마무리합니다.

- 너무 촘촘하거나 느슨해지지 않도록 주의하세요.

마무리

1 덮어씌우기가 끝나면 실 정리를 하고 미지근한 물에 중성세제를 풀어 가볍게 손세탁을 합니다.

2 수건으로 감싸 물기를 제거한 후 편평한 곳에 사방으로 잘 펼쳐 모양을 잡아줍니다. 완전히 건조될 때까지 기다립니다.

3 태슬 3개를 만들어 중심점과 양끝에 달아줍니다.

1~21단 차트

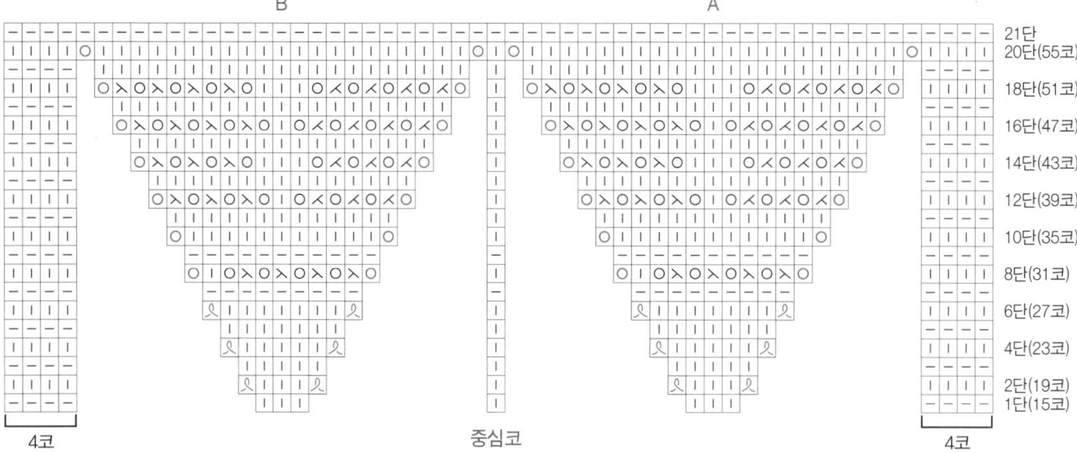

22~57단 차트A

차트A의 괄호 안의 숫자는 차트A, B의 각 코수 / 차트B의 괄호 안의 코수는 양쪽 4코, 중심코를 포함한 전체 코수입니다.

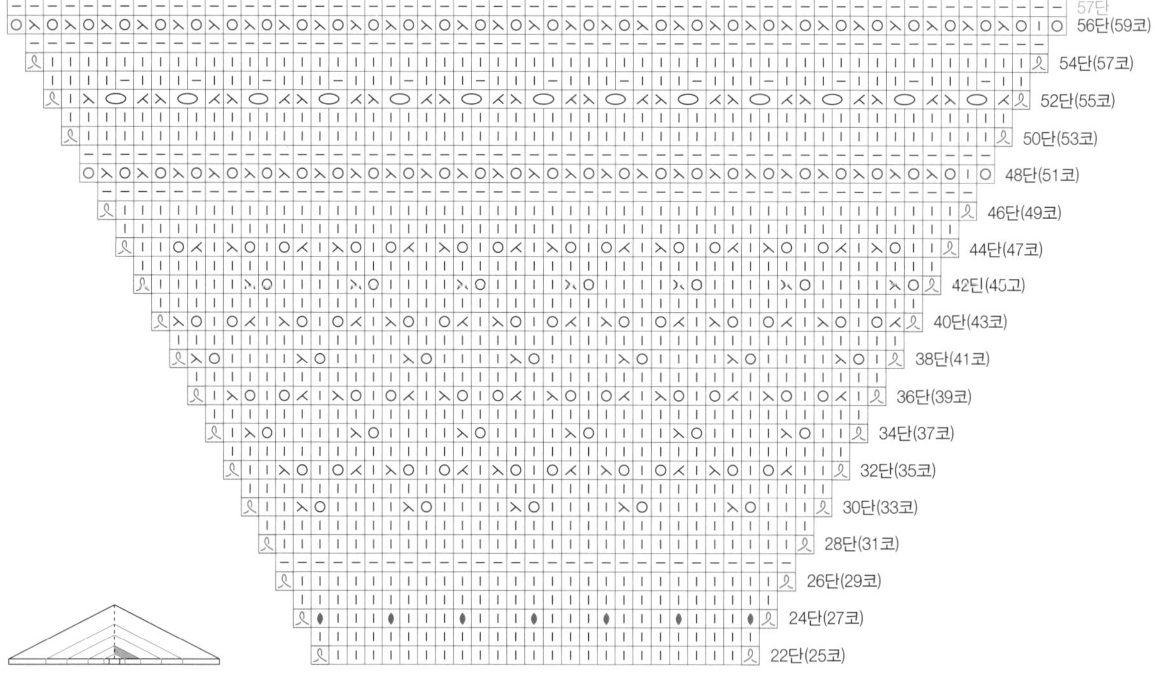

22~57단 차트B

차트A의 괄호 안의 숫자는 차트A, B의 각 코수 / 차트B의 괄호 안의 코수는 양쪽 4코, 중심코를 포함한 전체 코수입니다.

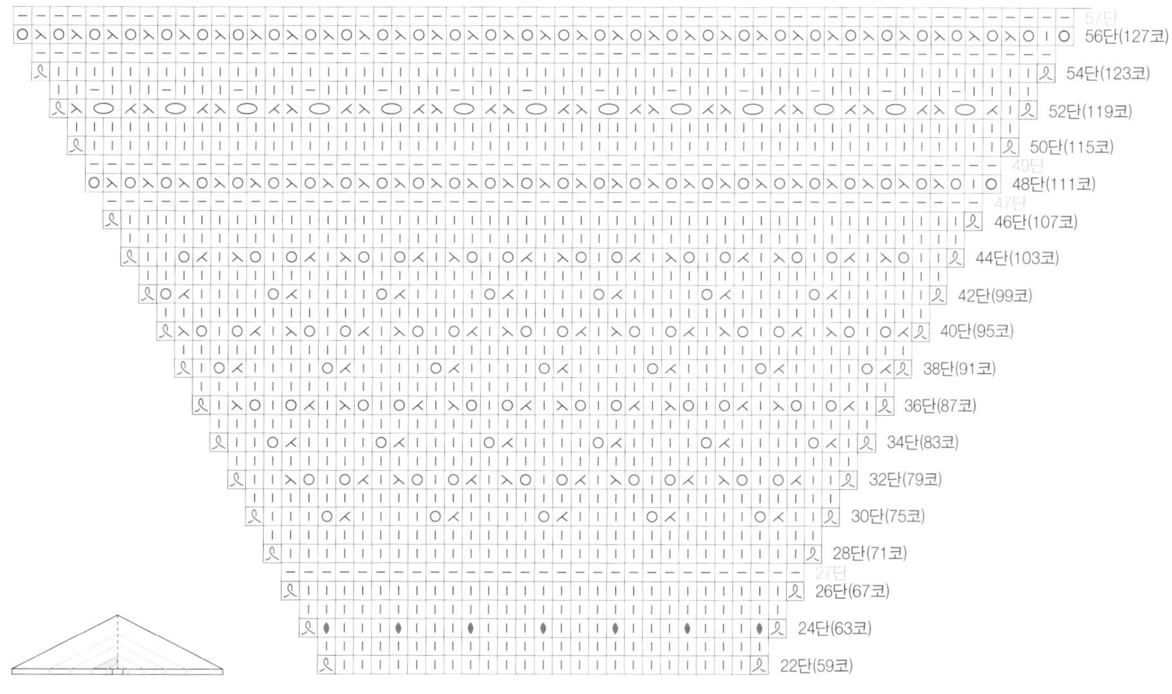

58~91단 차트A

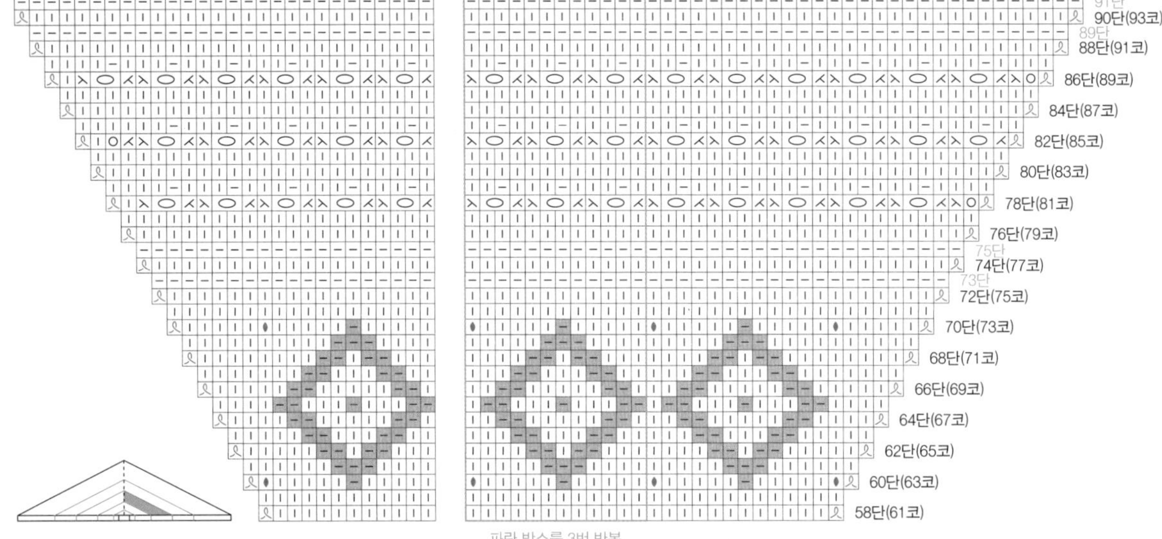

파란 박스를 3번 반복

58~91단 차트B

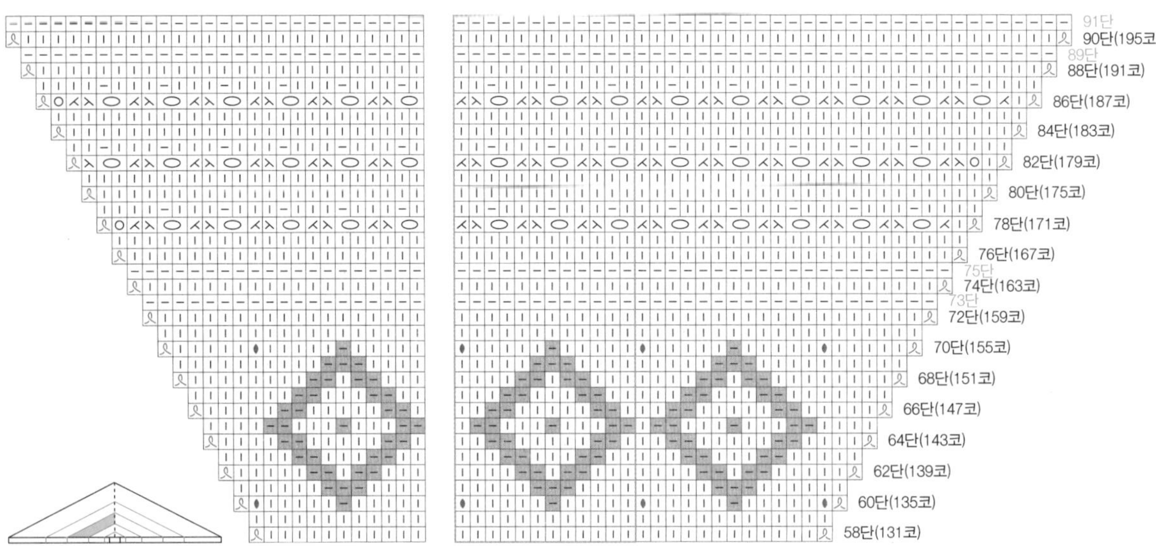

파란 박스를 3번 반복

92~131단 차트A

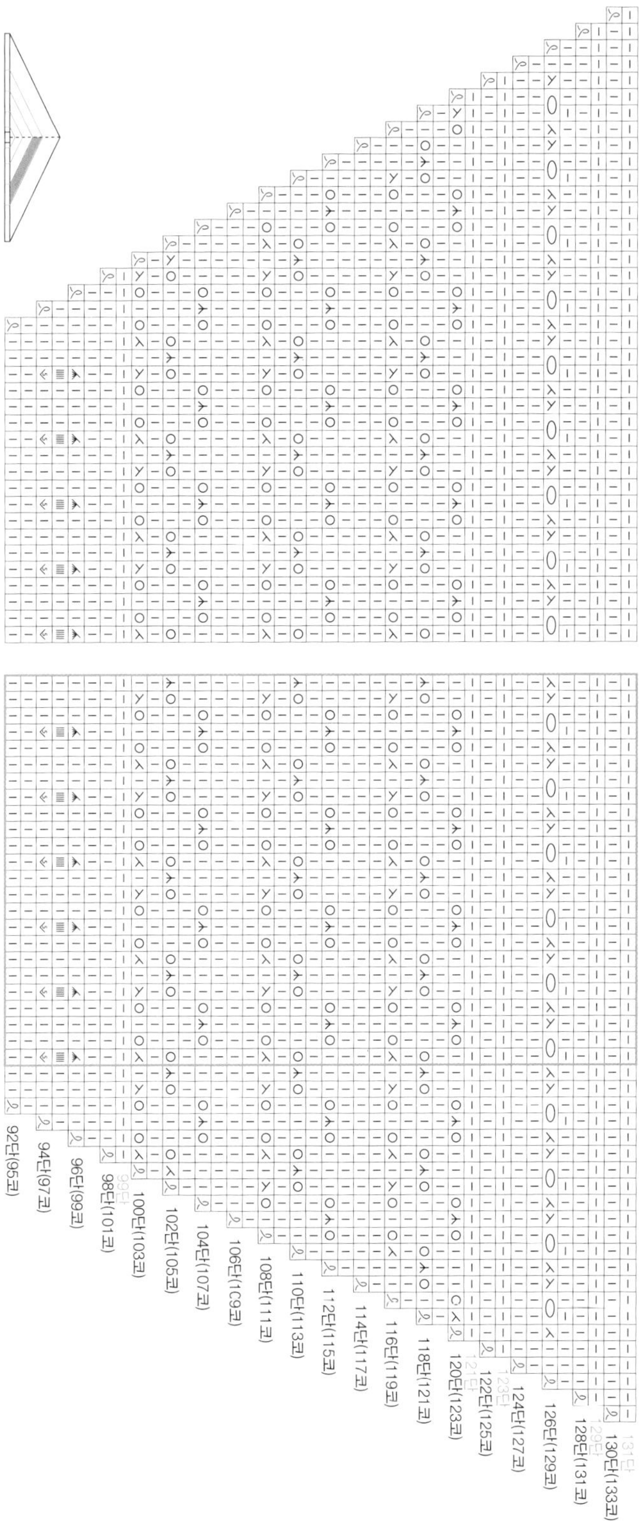

파란 박스를 3번 반복

92단(95코)
94단(97코)
96단(99코)
98단(101코)
99단
100단(103코)
102단(105코)
104단(107코)
106단(109코)
108단(111코)
110단(113코)
112단(115코)
114단(117코)
116단(119코)
118단(121코)
120단(123코)
121단
122단(125코)
123단
124단(127코)
126단(129코)
128단(131코)
129단
130단(133코)
131단

92~131단 차트B

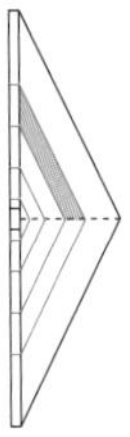

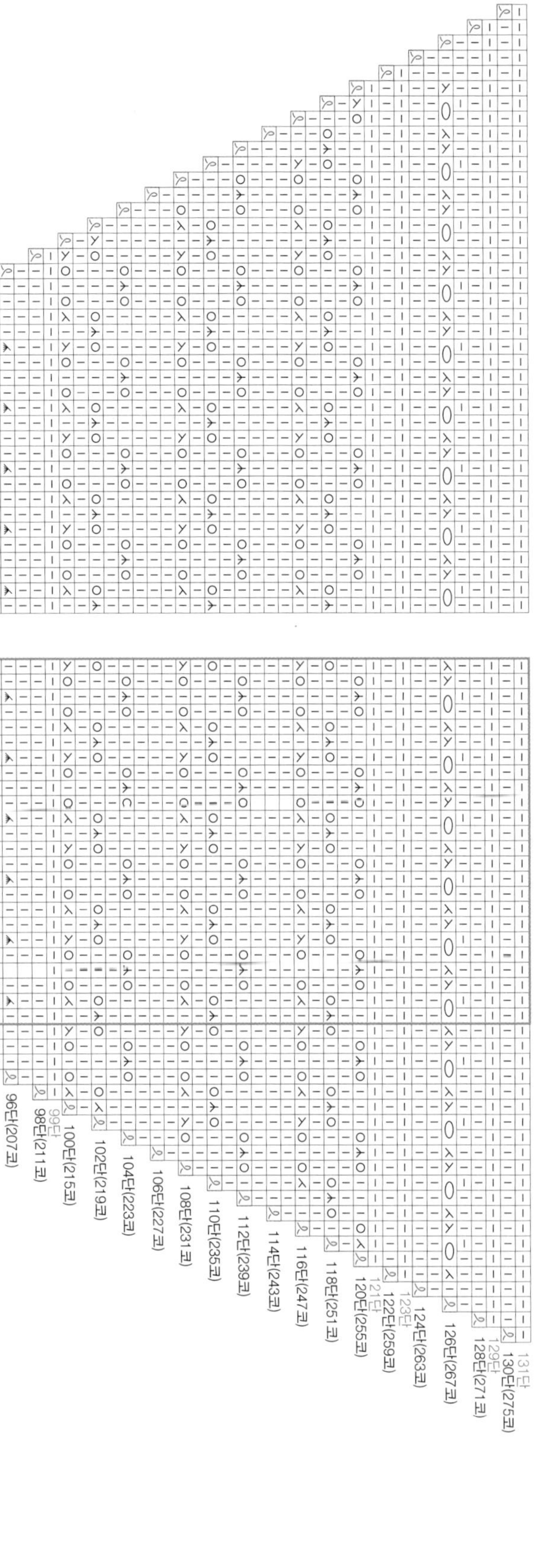

빨간 박스를 3번 반복

92단(199코)
94단(203코)
96단(207코)
98단(211코)
99단
100단(215코)
102단(219코)
104단(223코)
106단(227코)
108단(231코)
110단(235코)
112단(239코)
114단(243코)
116단(247코)
118단(251코)
120단(255코)
121단
122단(259코)
123단
124단(263코)
126단(267코)
128단(271코)
129단
130단(275코)
131단

132~191단 차트A

파란 박스를 6번 반복

132단(135코)
134단(137코)
136단(139코)
138단(141코)
140단(143코)
142단(145코)
144단(147코)
146단(149코)
148단(151코)
150단(153코)
152단(155코)
154단(157코)
156단(159코)
158단(161코)
160단(163코)
162단(165코)
164단(167코)
166단(169코)
168단(171코)
170단(173코)
172단(175코)
174단(177코)
176단(179코)
178단(181코)
180단(183코)
182단(185코)
184단(187코)
186단(189코)
188단(191코)
190단(193코)

132~191단 차트B

파란 박스를 6번 반복

132단(279코)
134단(283코)
136단(287코)
138단(291코)
140단(295코)
142단(299코)
144단(303코)
146단(307코)
148단(311코)
150단(315코)
152단(319코)
154단(323코)
156단(327코)
158단(331코)
160단(335코)
162단(339코)
164단(343코)
166단(347코)
168단(351코)
170단(355코)
172단(359코)
174단(363코)
176단(367코)
178단(371코)
180단(375코)
182단(379코)
184단(383코)
186단(387코)
188단(391코)
190단(395코)

아르메리아 풀오버

Armeria Pullover

작품 소개

셰틀랜드 여행 중 바닷가 절벽을 따라 걷다 보면 바위틈마다 낮게 자리 잡은 작은 꽃을 자주 마주치곤 했습니다. 몽글몽글 둥글게 피어난 꽃송이가 바람에 흔들리는 모습이 인상적이었지요. 몇 년 전 식물원에서 같은 꽃을 발견하고 반가운 마음이 들었어요. 그때서야 이 꽃의 이름이 '아르메리아'라는 것을 알게 되었습니다. 마침 제가 뜨려고 시험뜨기 했던 무늬가 통통한 팝콘과 레이스를 조합해 꽃을 표현하려고 했던 터라 신기하게 느껴졌어요. 과거의 추억이 현재로 이어져 뜨개로 표현되는 기분이 들었습니다. 여러분도 어떤 기억이 시간이 지나 다시 새로운 의미로 다가온 적이 있지 않나요? 이 뜨개가 그 감각을 함께 나누는 계기가 되었으면 합니다.

기본 정보

실	Tree II(1볼 40g 145m, 오가닉코튼 55%, 린넨 45%)
바늘	3.0mm, 3.5mm 대바늘, 모사용 3/0~4/0호 코바늘
게이지	3.5mm 무늬뜨기 2.54코 3.4단(1cm 기준)

사이즈

사이즈	85	90	95	100	105	110
품(cm)	92	98	105	110	116	124
소매 둘레	28	30	32	34	35	38
목 둘레	54	54	56	56	58	58
요크 길이	17	18	20	20	22	22
옷 길이	50	52	54	56	58	60
실 소요량	7볼	8볼	9볼	9볼	11볼	11볼

주의 사항

- 별도의 설명이 없는 부분은 평소 사용하는 편한 방법으로 뜨면 됩니다.
- 소재에 따라 원통뜨기를 했을 때 편물이 한쪽 방향으로 휠 수 있습니다. 세탁 및 마무리 과정을 통해 편물을 정돈해주세요.

도식

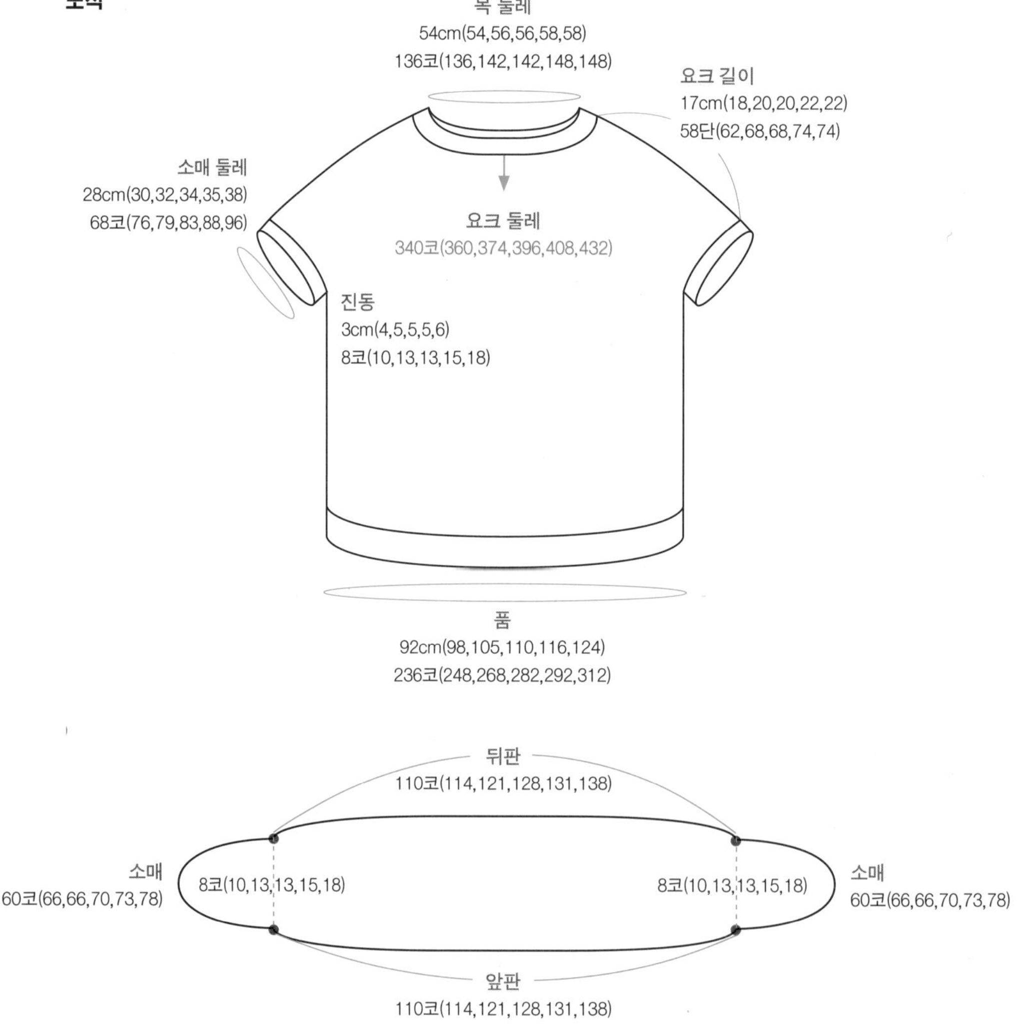

넥밴드

1 3.0mm 바늘로 136코(136, 142, 142, 148, 148)를 만들어 시작점을 표시하고 원통으로 연결합니다.

2 1코 고무뜨기로 2.5~3cm를 뜨고 다음 단을 모두 겉뜨기로 뜨면서 고르게 4코(4, 12, 12, 20, 20)를 늘립니다.

전체 코수는 140코(140, 154, 154, 168, 168)가 됩니다. 이 단은 요크의 1단이 됩니다.

요크 늘림

1 3.5mm 바늘로 바꿔 2단부터 각 사이즈의 차트를 참고하여 차트대로 요크 늘림을 하며 58단(62, 68, 68, 74, 74)까지 뜹니다.

요크 늘림이 모두 끝나면 전체 코수는 340코(360, 374, 396, 408, 432)가 됩니다.

시작점 옮기기

현재의 시작점에서 아래 표와 같이 사이즈에 맞춰 시작점 위치를 옮깁니다.

85사이즈	오른쪽 바늘의 1코를 풀어서 다시 왼쪽 바늘로 옮깁니다. 새로운 시작점이 됩니다.
90사이즈	변동 없음
95, 100사이즈	2코를 더 뜨고 새로운 시작점을 표시합니다.
105, 110사이즈	오른쪽 바늘의 3코를 풀어서 다시 왼쪽 바늘로 옮깁니다. 새로운 시작점이 됩니다.

몸판, 소매 분리

1 새로운 시작점에서 무늬대로 110코(114, 121, 128, 131, 138)를 뜨고 다음의 60코(66, 66, 70, 73, 78)를 다른 바늘이나 실에 옮겨둡니다.

2 손가락걸기코(혹은 선호하는 방법)로 8코(10, 13, 13, 15, 18)를 만들고 다음의 110코(114, 121, 128, 131, 138)를 연결하여 무늬대로 뜹니다.

3 다음의 60코(66, 66, 70, 73, 78)를 다른 바늘이나 실에 옮겨둡니다.

4 손가락걸기코(혹은 선호하는 방법)로 8코(10, 13, 13, 15, 18)를 만듭니다.

5 손가락걸기코로 만든 코는 모두 겉뜨기로 뜨고, 나머지 코는 무늬를 유지하며 원하는 길이가 될 때까지 뜹니다.

밑단

3.0mm 바늘로 바꿔 1코 고무뜨기로 원하는 만큼 고무단을 뜨고 마무리합니다.

소매단

1 다른 바늘에 옮겨둔 소매코를 3.0mm 바늘에 옮깁니다.

2 진동 중심에서 시작하여 4코(5, 6, 6, 7, 9)를 줍고 소매코를 무늬대로 뜹니다.

3 남은 진동코를 모두 주운 뒤 원통으로 연결하여 1코 고무뜨기로 2.5~3cm를 뜨고 마무리합니다.

시험뜨기 차트

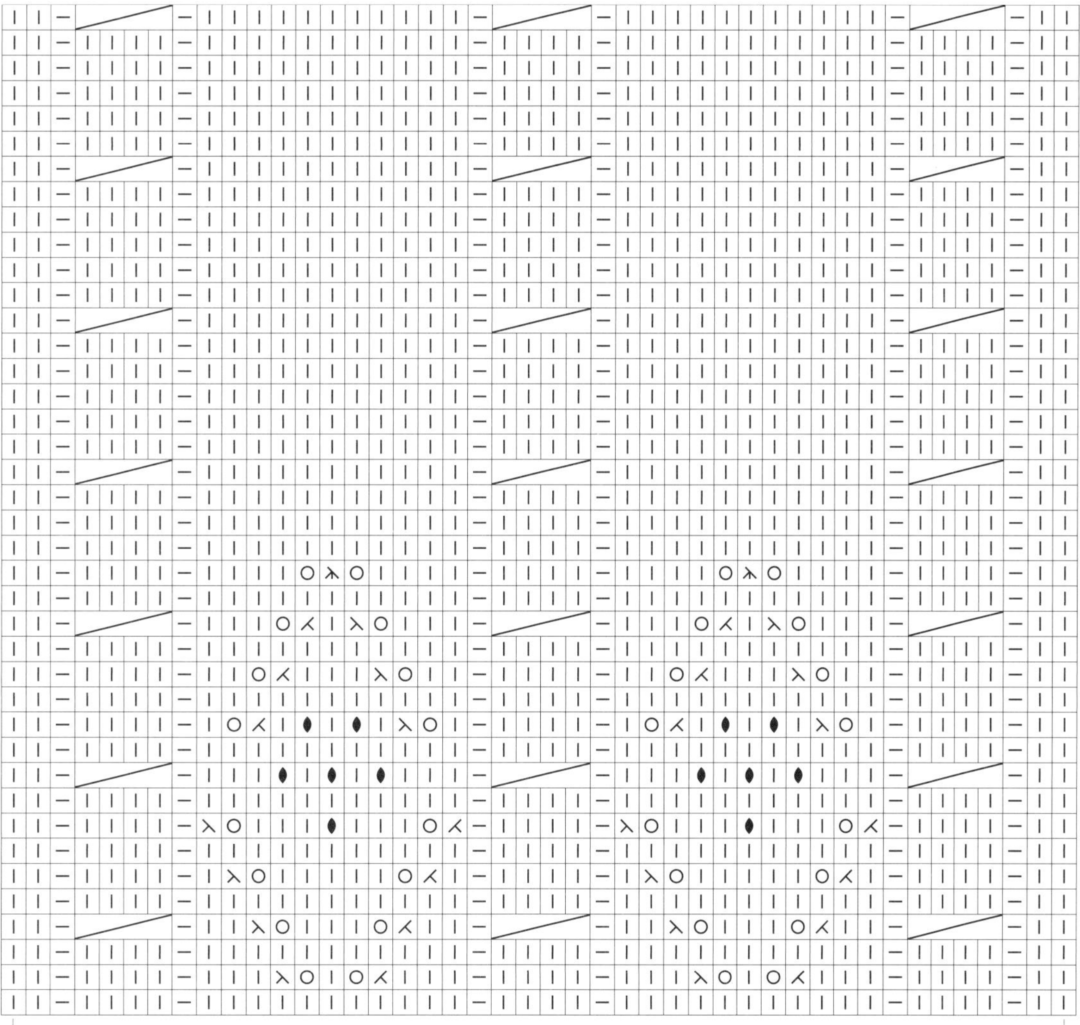

85사이즈 요크 늘림 차트

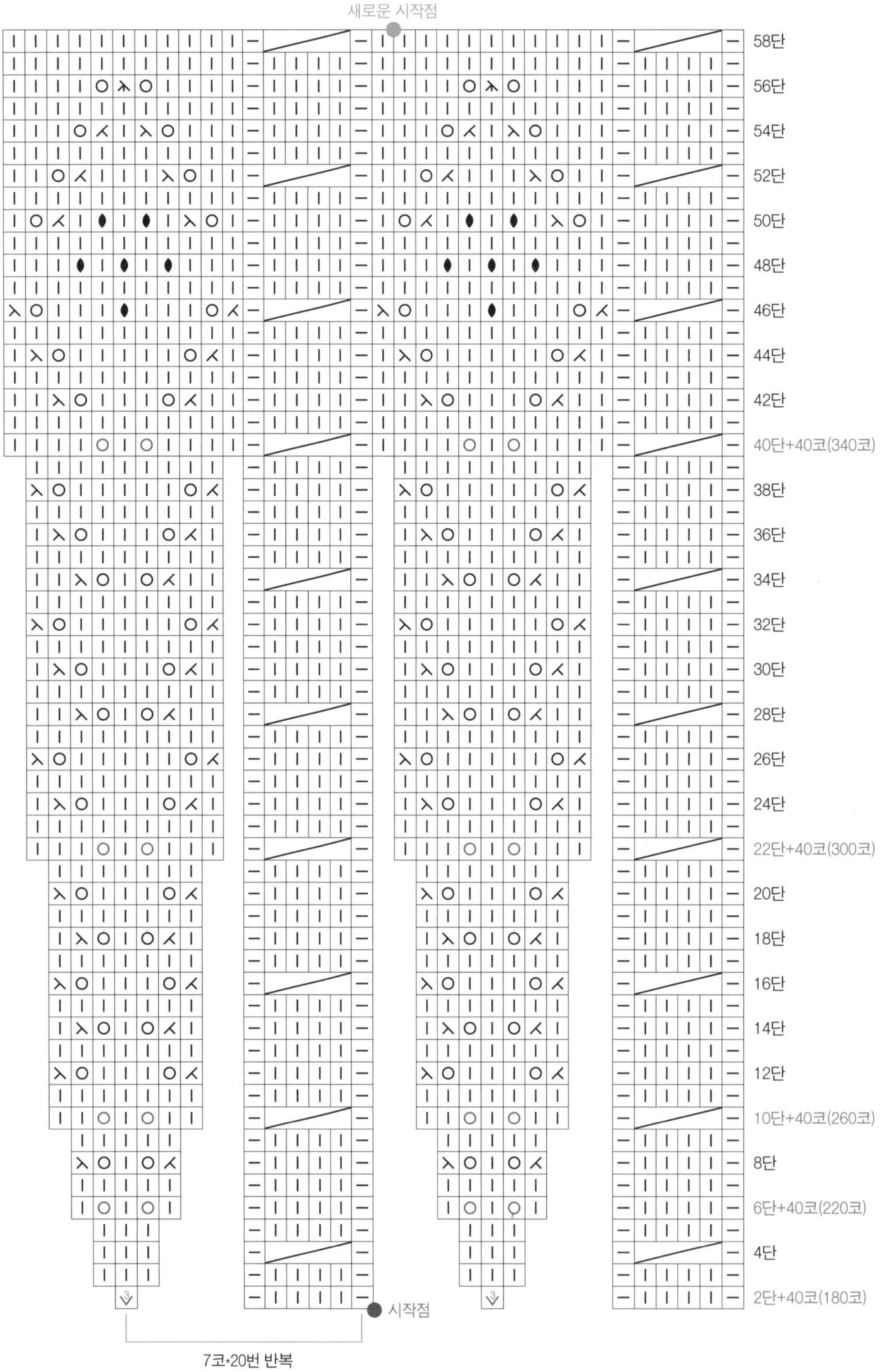

새로운 시작점

58단

56단

54단

52단

50단

48단

46단

44단

42단

40단+40코(340코)

38단

36단

34단

32단

30단

28단

26단

24단

22단+40코(300코)

20단

18단

16단

14단

12단

10단+40코(260코)

8단

6단+40코(220코)

4단

2단+40코(180코)

시작점

7코*20번 반복

90사이즈 요크 늘림 차트

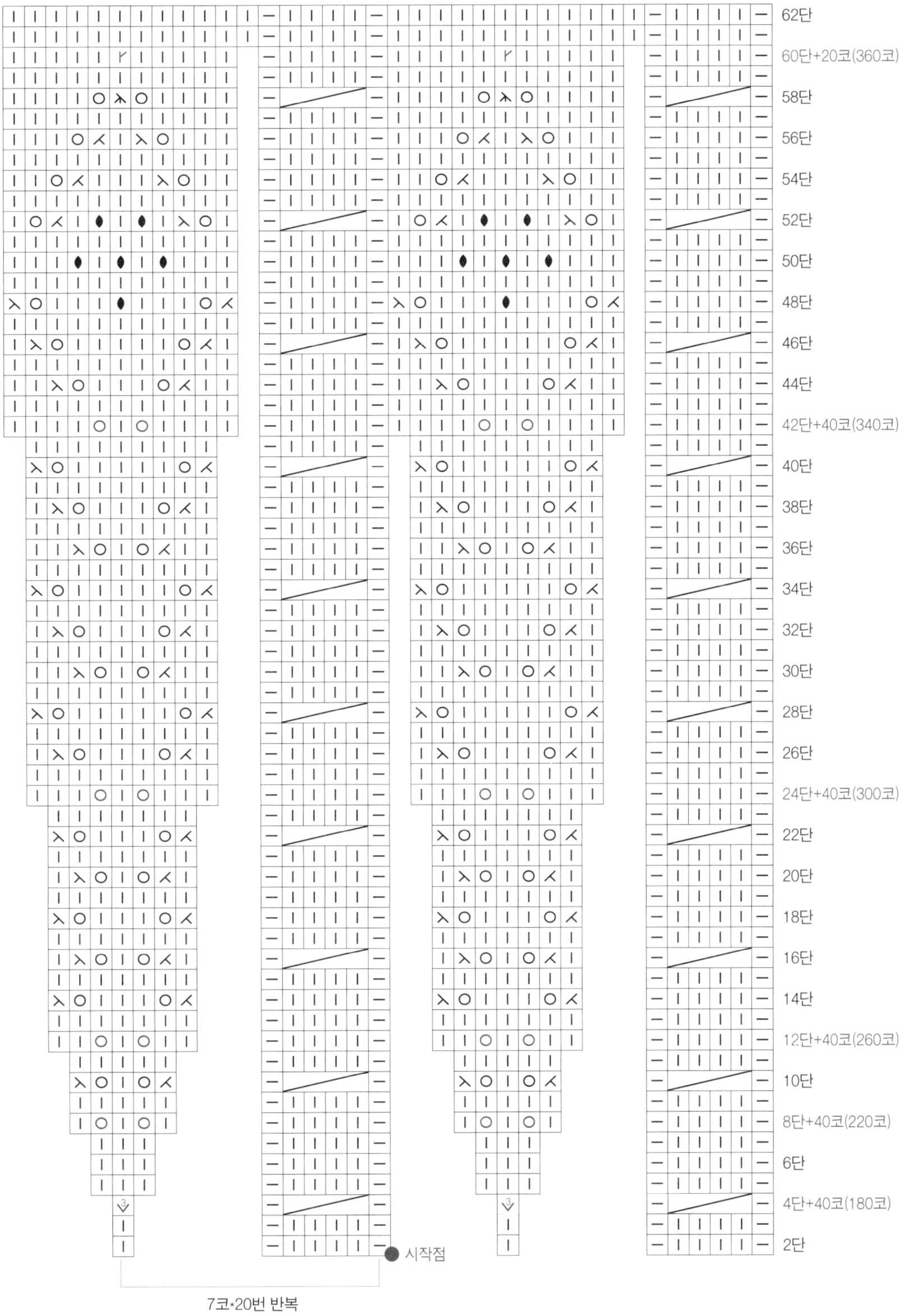

62단

60단+20코(360코)

58단

56단

54단

52단

50단

48단

46단

44단

42단+40코(340코)

40단

38단

36단

34단

32단

30단

28단

26단

24단+40코(300코)

22단

20단

18단

16단

14단

12단+40코(260코)

10단

8단+40코(220코)

6단

4단+40코(180코)

2단

시작점

7코*20번 반복

95사이즈 요크 늘림 차트

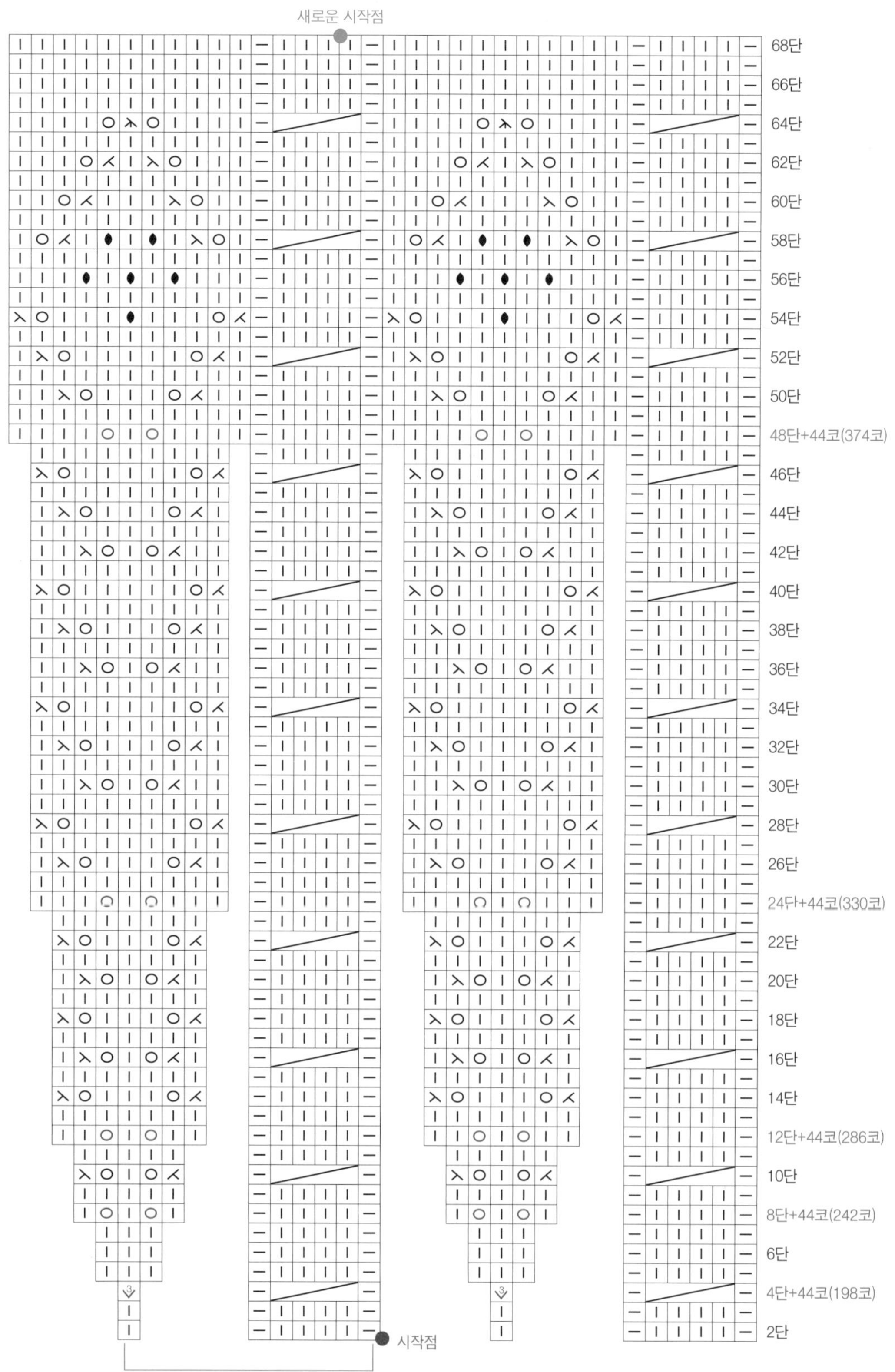

100사이즈 요크 늘림 차트

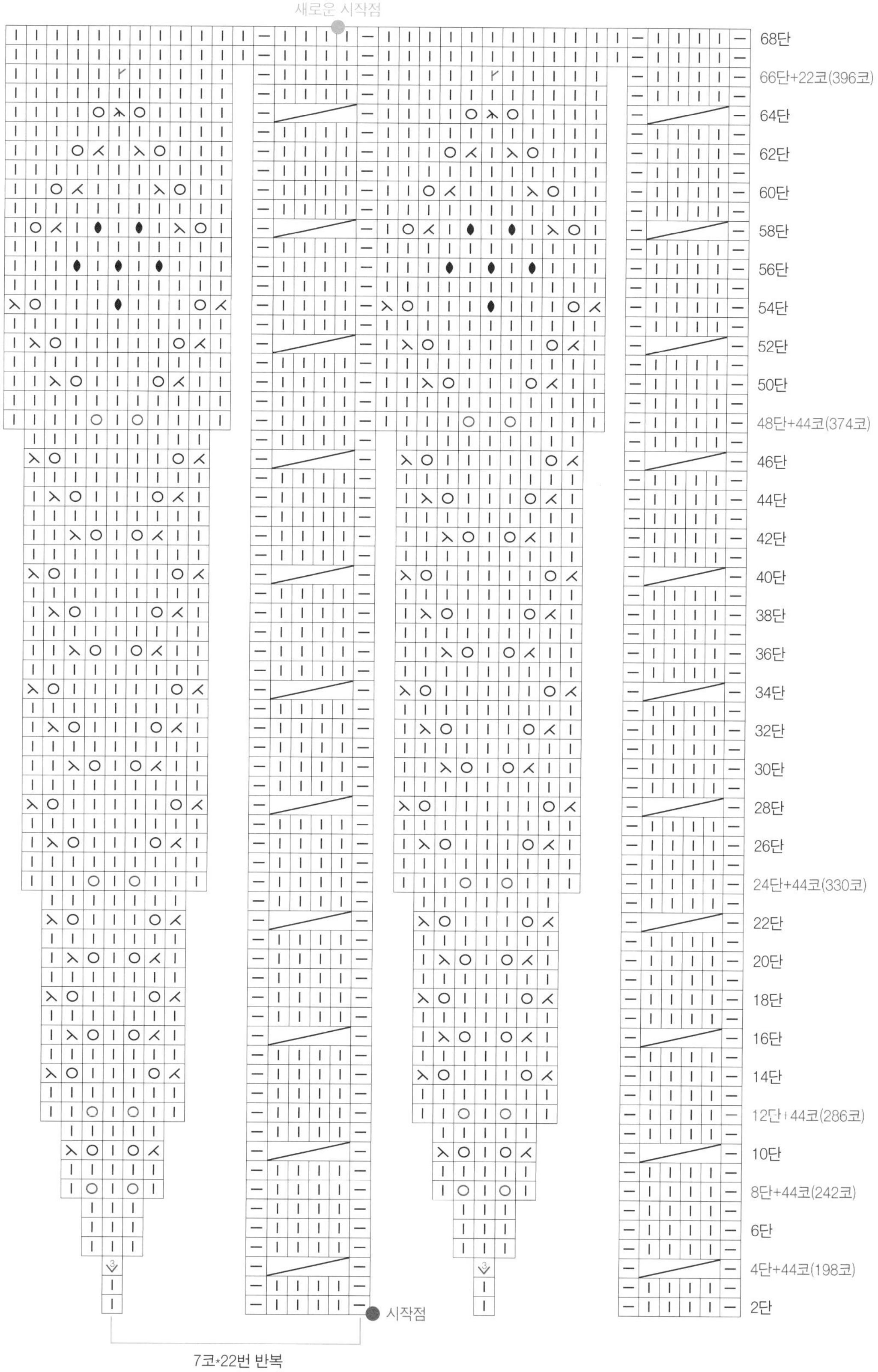

새로운 시작점

68단

66단+22코(396코)

64단

62단

60단

58단

56단

54단

52단

50단

48단+44코(374코)

46단

44단

42단

40단

38단

36단

34단

32단

30단

28단

26단

24단+44코(330코)

22단

20단

18단

16단

14단

12단+44코(286코)

10단

8단+44코(242코)

6단

4단+44코(198코)

2단

시작점

7코*22번 반복

105사이즈 요크 늘림 차트

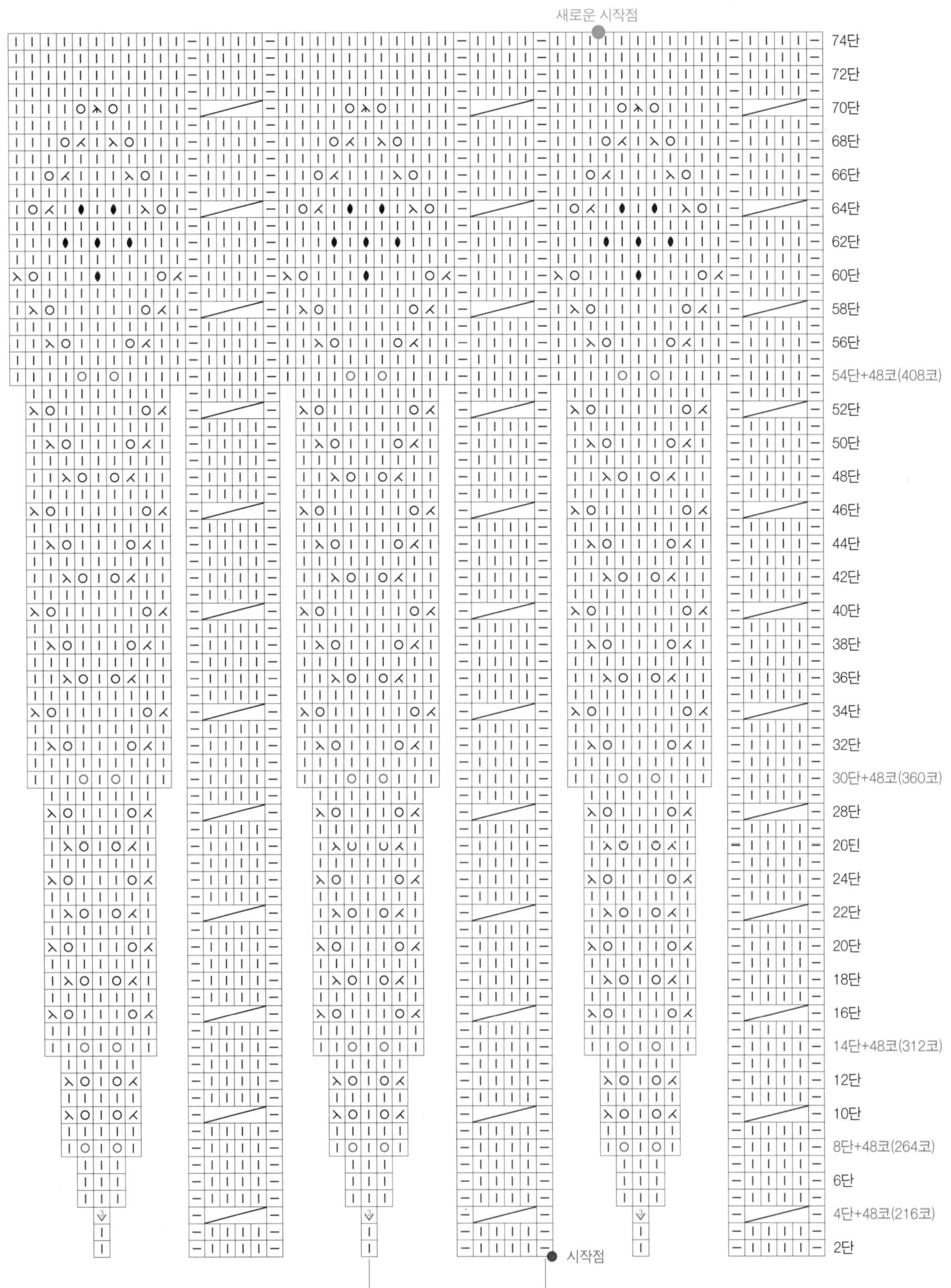

110사이즈 요크 늘림 차트

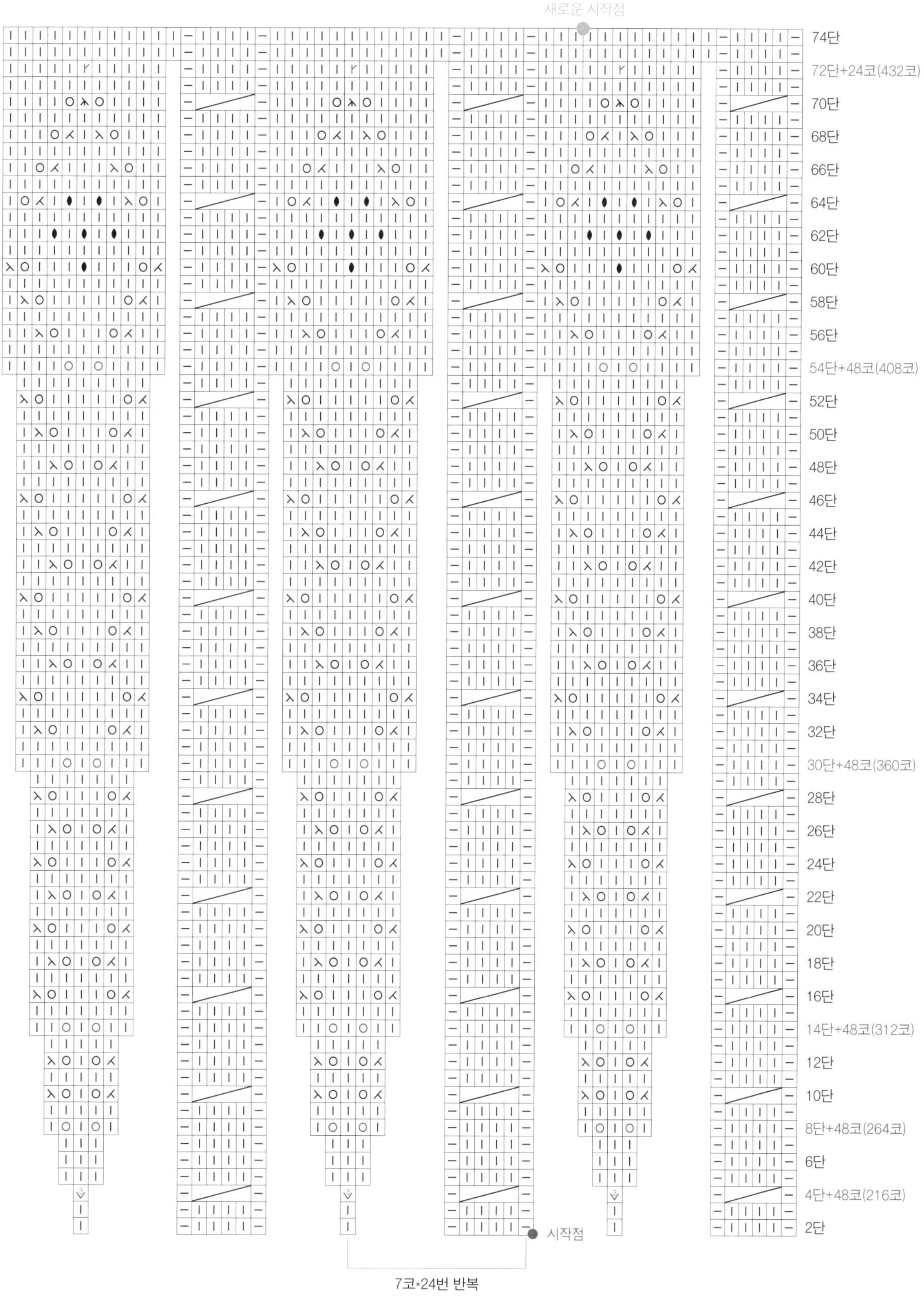

새로운 시작점

74단
72단+24코(432코)
70단
68단
66단
64단
62단
60단
58단
56단
54단+48코(408코)
52단
50단
48단
46단
44단
42단
40단
38단
36단
34단
32단
30단+48코(360코)
28단
26단
24단
22단
20단
18단
16단
14단+48코(312코)
12단
10단
8단+48코(264코)
6단
4단+48코(216코)
2단

시작점

7코*24번 반복

타이디 풀오버

Tidy Pullover

작품 소개

한여름이 되면 입고 있는 옷조차 거추장스럽게 느껴질 만큼 뜨거운 날이 이어집니다. 자연스럽게 가벼운 옷을 찾게 되지만 뜨개 옷은 덥다는 선입견 때문에 선뜻 손이 가지 않을 때가 있지요. 하지만 린넨이 섞인 실로 뜨면 몸에 달라붙지 않아 오히려 쾌적하게 여름을 보낼 수 있습니다. 타이디 풀오버는 작고 귀여운 무늬를 넣어 심플하게 디자인한 톱다운 요크 스타일의 풀오버입니다. 가볍고 편안한 착용감은 물론, 여름에도 뜨개를 놓을 수 없는 사람들에게 더없이 좋은 작품입니다. 뜨거운 계절에도 실을 고르고 손을 움직이며 나만의 옷을 만들어가는 기쁨을 놓치지 마세요.

기본 정보

실	Tree II(1볼 40g 145m, 오가닉코튼 55%, 린넨 45%)
바늘	3.5mm, 4.0mm 대바늘
게이지	4.0mm 무늬뜨기 2.1코 3.8단(1cm 기준)

사이즈

사이즈	85	90	95	100	105	110
품(cm)	100	105	115	120	125	130
소매 둘레	30	32	34	36	38	38
목 둘레	54	56	58	60	60	62
요크 길이	18	20	22	24	24	26
옷 길이	52	54	54	56	56	58
바탕실 소요량	7볼	8볼	8볼	9볼	9볼	10볼
배색실 소요량	1볼	1볼	1볼	1볼	1볼	1볼

주의 사항

- 앞뒤 차이 없이 원통으로 뜨는 요크 디자인의 풀오버입니다.
- 배색실이 너무 당겨지지 않도록 주의합니다.
- 실 소요량은 95사이즈를 기준으로 계산했습니다. 실제 소요량과 다를 수 있으니 여유 있게 준비하세요.
- 별도의 설명이 없는 부분은 평소 사용하는 방법을 사용하면 됩니다.
- 소재에 따라 원통뜨기를 했을 때 편물이 한쪽 방향으로 휠 수 있습니다. 세탁 및 마무리 과정을 통해 편물을 정돈해주세요.

도식

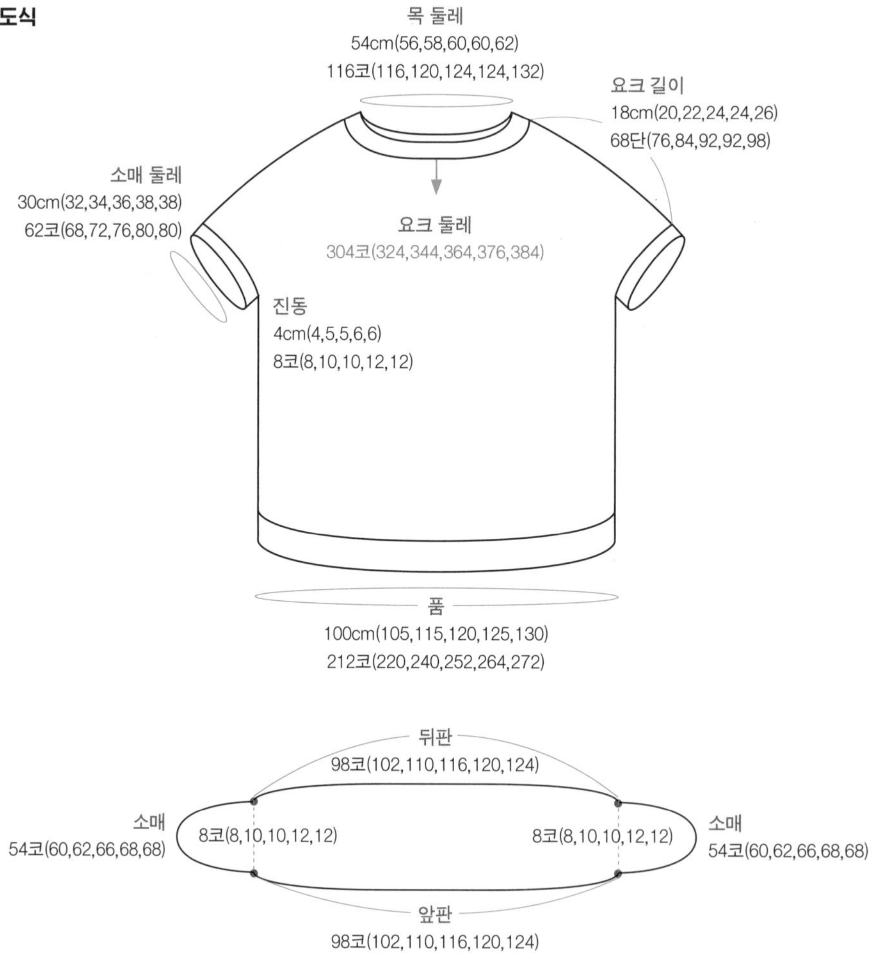

무늬뜨기

1 4.0mm 바늘로 15cm 정도 되도록 짝수 코를 만든 후 차트를 반복합니다.

배색실이 너무 당겨지지 않도록 주의합니다.

144쪽의 무늬뜨기 차트를 참조하세요.

1. 평면뜨기일 때

1단(편물 안면): 바탕실로 모두 안뜨기

2단(편물 겉면): 배색실로 겉뜨기 1코, [1코에 (겉뜨기 1코, 바늘 비우기, 겉뜨기 1코), 실이 바늘 뒤쪽에 있는 상태에서 다음 코를 뜨지 않고 오른쪽 바늘로 옮기기], [ ]를 1코 남을 때까지 반복, 겉뜨기 1코

3단 : 배색실로 안뜨기 1코, [실이 바늘 앞쪽에 있는 상태에서 다음 코를 뜨지 않고 오른쪽 바늘로 옮기기, 다음 3코를 한 번에 안뜨기], [ ]를 1코 남을 때까지 반복, 안뜨기 1코

4~10단: 바탕실로 홀수 단은 모두 안뜨기, 짝수 단은 모두 겉뜨기로 떠줍니다.

1~10단을 반복합니다.

2. 원통뜨기일 때

1단: 바탕실로 모두 겉뜨기

2단: 배색실로 [1코에 (겉뜨기 1코, 바늘비우기, 겉뜨기 1코), 실이 바늘 뒤쪽에 있는 상태에서 다음 코를 뜨지 않고 오른쪽 바늘로 옮기기], [ ]를 반복

3단: 배색실로 [3코 한꺼번에 겉뜨기, 실이 바늘 뒤쪽에 있는 상태에서 다음 코를 뜨지 않고 오른쪽 바늘로 옮기기], [ ]를 반복

4~10단: 바탕실로 모두 겉뜨기

1~10단을 반복합니다.

실제 옷을 뜰 때는 원통뜨기 방식이 사용되기 때문에 모든 단이 겉면이 됩니다. 차트의 오른쪽에서 왼쪽으로 진행하면서 기호대로 뜹니다.

넥밴드

바탕실로 3.5mm 바늘에 116코(116, 120, 124, 124, 132)를 만들어 원통으로 연결하여 시작점을 표시한 후 1코 고무뜨기로 2cm(2, 2.5, 2.5, 3, 3)가 될 때까지(혹은 원하는 길이가 될 때까지) 뜹니다.

요크 늘림

1 4.0mm 바늘로 바꿔 모든 코를 겉뜨기 합니다.

이 단은 요크의 1단이 됩니다.

2 무늬뜨기 차트의 2, 3단을 뜨고 4단째에 바탕실로 바꿔 모두 겉뜨기로 뜨면서 다음과 같이 1차 코늘림을 합니다.

이 책에서는 M1(코와 코 사이의 실을 끌어 올려 꼬아서 겉뜨기) 방식으로 코늘림을 했으나 편한 방법을 사용해도 괜찮습니다.

1차 늘림

사이즈	증가 패턴	증가 코수	최종 코수
85	[(3코마다 1코 늘림) × 3회, (4코마다 1코 늘림) × 5회] × 4	32코	148코
90	[(3코마다 1코 늘림) × 3회, (4코마다 1코 늘림) × 5회] × 4	32코	148코
95	4코마다 1코 늘림 × 30회	30코	150코
100	[(3코마다 1코 늘림) × 9회, (4코마다 1코 늘림) × 1회] × 4	40코	164코
105	[(3코마다 1코 늘림) × 9회, (4코마다 1코 늘림) × 1회] × 4	40코	164코
110	3코마다 1코 늘림 × 44회	44코	176코

3 계속해서 무늬뜨기 차트의 5~10단까지 뜨고, 다시 1~10단을 반복하면서 정해진 단에서 아래의 표를 참고하여 54단(64, 74, 74, 88, 84)까지 뜹니다.

2차 늘림: 14단(14, 14, 16, 16, 16)째 다음과 같이 코늘림 합니다.

사이즈	증가 패턴	증가 코수	최종 코수
85	[(4코마다 1코 늘림) × 3회, (5코마다 1코 늘림) × 5회] × 4	32코	180코
90	[(4코마다 1코 늘림) × 3회, (5코마다 1코 늘림) × 5회] × 4	32코	180코
95	5코마다 1코 늘림 × 30회	30코	180코
100	[(4코마다 1코 늘림) × 9회, (5코마다 1코 늘림) × 1회] × 4	40코	204코
105	[(4코마다 1코 늘림) × 9회, (5코마다 1코 늘림) × 1회] × 4	40코	204코
110	4코마다 1코 늘림 × 44회	44코	220코

3차 늘림: 24단(24, 24, 30, 30, 30)째 다음과 같이 코늘림 합니다.

사이즈	증가 패턴	증가 코수	최종 코수
85	[(5코마다 1코 늘림) × 3회, (6코마다 1코 늘림) × 5회] × 4	32코	212코
90	[(5코마다 1코 늘림) × 3회, (6코마다 1코 늘림) × 5회] × 4	32코	212코
95	6코마다 1코 늘림 × 30회	30코	210코
100	[(5코마다 1코 늘림) × 9회, (6코마다 1코 늘림) × 1회] × 4	40코	244코
105	[(5코마다 1코 늘림) × 9회, (6코마다 1코 늘림) × 1회] × 4	40코	244코
110	5코마다 1코 늘림 × 44회	44코	264코

4차 늘림: 34단(34, 34, 44, 44, 46)째 다음과 같이 코늘림 합니다.

사이즈	증가 패턴	증가 코수	최종 코수
85	[(6코마다 1코 늘림) × 3회, (7코마다 1코 늘림) × 5회] × 4	32코	244코
90	[(6코마다 1코 늘림) × 3회, (7코마다 1코 늘림) × 5회] × 4	32코	244코
95	7코마다 1코 늘림 × 30회	30코	240코
100	[(6코마다 1코 늘림) × 9회, (7코마다 1코 늘림) × 1회] × 4	40코	284코
105	[(6코마다 1코 늘림) × 9회, (7코마다 1코 늘림) × 1회] × 4	40코	284코
110	6코마다 1코 늘림 × 44회	44코	308코

5차 늘림: 44단(44, 44, 58, 58, 64)째 다음과 같이 코늘림 합니다.

사이즈	증가 패턴	증가 코수	최종 코수
85	[(7코마다 1코 늘림) × 3회, (8코마다 1코 늘림) × 5회] × 4	32코	276코
90	[(7코마다 1코 늘림) × 3회, (8코마다 1코 늘림) × 5회] × 4	32코	276코
95	8코마다 1코 늘림 × 30회	30코	270코
100	[(7코마다 1코 늘림) × 9회, (8코마다 1코 늘림) × 1회] × 4	40코	324코
105	[(7코마다 1코 늘림) × 9회, (8코마다 1코 늘림) × 1회] × 4	40코	324코
110	7코마다 1코 늘림 × 44회	44코	352코

6차 늘림: 54단(54, 54, 74, 74, 84)째 다음과 같이 코늘림 합니다.

사이즈	증가 패턴	증가 코수	최종 코수
85	[(9코마다 1코 늘림) × 1회, (10코마다 1코 늘림) × 6회] × 4	28코	304코
90	[(8코마다 1코 늘림) × 3회, (9코마다 1코 늘림) × 5회] × 4	32코	308코
95	9코마다 1코 늘림 × 30회	30코	300코
100	[(8코마다 1코 늘림) × 9회, (9코마다 1코 늘림) × 1회] × 4	40코	364코
105	[(8코마다 1코 늘림) × 9회, (9코마다 1코 늘림) × 1회] × 4	40코	364코
110	11코마다 1코 늘림 × 32회	32코	384코

85사이즈, 100사이즈, 110사이즈는 코늘림이 끝났습니다.

4 90, 95, 105사이즈는 다음과 같이 7차 코늘림을 합니다.

7차 늘림: - (64, 64, - ,88, -)째 다음과 같이 코늘림 합니다.

사이즈	증가 패턴	증가 코수	최종 코수
90	[(19코마다 1코 늘림) × 3회, (20코마다 1코 늘림) × 1회] × 4	16코	324코
95	10코마다 1코 늘림 × 30회	30코	330코
105	[(30코마다 1코 늘림) × 2회, (31코마다 1코 늘림) × 1회] × 4	12코	376코

90, 105사이즈는 코늘림이 끝났습니다.

5 95사이즈는 다음과 같이 8차 코늘림을 합니다.

8차 늘림: 74단째 [23코마다 1코 늘림을 3번, 24코마다 1코 늘림을 4번], [ ]를 2번 반복

14코가 늘어 전체 코수는 344코가 됩니다.

6 코늘림이 모두 끝나면 68단(76, 84, 92, 92, 98)까지(혹은 원하는 길이가 될 때까지) 무늬를 유지하며 뜹니다.

7 전체 코수가 304코(324, 344, 364, 376, 384)가 맞는지 다시 한번 확인합니다. 코수가 맞다면 다음과 같이 몸판과 소매를 분리합니다.

몸판, 소매 분리

1 시작점에서부터 98코(102, 110, 116, 120, 124)를 뜬 후 다음 54코(60, 62, 66, 68, 68)를 뜨지 않고 다른 실이나 바늘에 옮겨둡니다.

2 손가락걸기코(혹은 선호하는 방법)로 8코(8, 10, 10, 12, 12)를 만들어 다음 코와 연결하여 98코(102, 110, 116, 120, 124)를 뜹니다.

3 다음의 54코(60, 62, 66, 68, 68)를 뜨지 않고 다른 실이나 바늘에 옮겨둡니다.

4 손가락걸기코(혹은 선호하는 방법)로 8코(8, 10, 10, 12, 12)를 만들어 시작점과 연결하여 원통으로 만듭니다.

5 원하는 길이가 될 때까지 무늬를 유지하며 뜹니다.

6 3.5mm 바늘로 바꿔 모든 코를 겉뜨기 하면서 5코마다 1코의 비율로 코늘림을 합니다.

전체 코수가 짝수가 되도록 합니다.

7 1코 고무뜨기로 4cm(4, 4.5, 4.5, 5, 5)가 될 때(혹은 원하는 길이)까지 뜬 후 마무리합니다.

소매단

1 옮겨둔 54코(60, 62, 66, 68, 68)를 3.5mm 바늘에 옮깁니다.

2 진동코 중심에서 4코(4, 5, 5, 6, 6)를 줍고 소매코를 모두 겉뜨기 합니다.

3 남은 진동코 4코(4, 5, 5, 6, 6)를 줍습니다.

전체 코수는 62코(68, 72, 76, 80, 80)가 됩니다.

4 1코 고무뜨기로 원하는 길이가 될 때까지 뜬 후 마무리합니다.

반대편 소매도 같은 방법으로 뜹니다.

무늬뜨기 차트

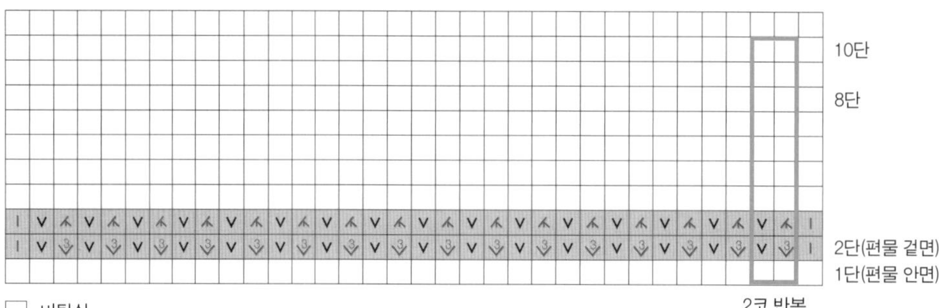

아미티에 카디건

Amitié Cardigan

작품 소개

몇 년 전 봄, 통통하고 포슬포슬해 적당히 부드러워 마음에 쏙 드는 면사를 만났습니다. 어떤 작품을 만들까 고민하다 이번엔 머리를 비우고 손이 가는 대로 떠보기로 했습니다. 그렇게 다양한 패턴이 자연스럽게 어우러지며 카디건이 완성되었죠. 서로 다른 무늬들이 만나 하나의 조화를 이룬 카디건이기에 '아미티에(Amitié, 우정)'라는 이름을 붙였습니다. 때로는 너무 복잡하게 생각하지 말고 손끝을 따라가며 뜨는 즐거움을 느껴보세요. 뜻밖의 아름다움이 기다리고 있을지도 모릅니다.

기본 정보

실	모나미(1볼 50g 100m, 면 100%)
바늘	3.5mm 40cm, 80cm 대바늘 각각 1개씩, 4.0mm 40cm, 80cm 대바늘 각각 1개씩
부자재	지름 2.5cm 단추 5개
게이지1	3.5mm 1코 고무뜨기 2.5코 3.0단
게이지2	4.0mm 기본무늬 1.8코 2.8단
게이지3	4.0mm 레이스 무늬 1.7코 2.5단

사이즈

사이즈	85	95	105
품(cm)	106	112	127
총장	52.5	56.5	59.5
소매 길이	43	48	49
진동, V넥 깊이	16	18	20
목 너비	14	15	17
실 소요량	9볼	10볼	12볼

주의 사항

- 어깨처짐, 뒷목처짐 차트에 별도의 기호를 표시하지 않았습니다. QR코드를 참조하면 더 쉽게 뜰 수 있습니다.
- 좌우 무늬차트는 완전히 대칭되지 않아 어깨처짐의 양쪽 무늬가 다릅니다. 시작과 끝부분 무늬에 주의해주세요.
- 별도의 설명이 없는 부분은 편한 방법을 사용하면 됩니다.
- 이 책에서 사용한 실은 면사로 수축 위험이 있으니 강하게 세탁하거나 탈수하지 않도록 주의해주세요.
- 버블 무늬가 편물 뒤쪽으로 쏠리는 경우가 종종 있으니 젖은 상태에서 무늬가 겉면으로 나오도록 정리해주세요.

도식

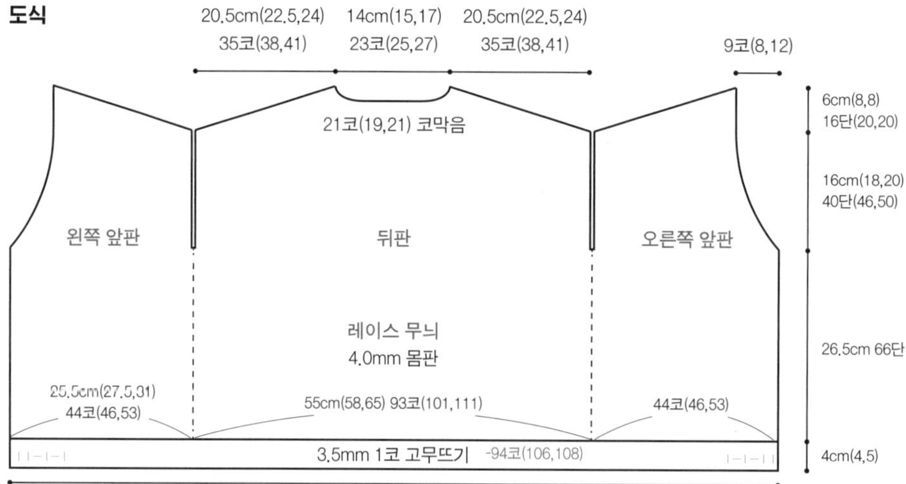

V넥 줄임			어깨처짐			뒷목처짐	
85사이즈	95사이즈	105사이즈	85사이즈	95사이즈	105사이즈	85사이즈	95, 105사이즈
6-1-3	8-1-1	6-1-2	2-4-8	2-4-1 ⟩ 5번	2-4-4 ⟩ 2번	2단	2단
4-1-5	6-1-6	4-1-9	3코	2-3-1 ⟩ 5번	2-3-1 ⟩ 2번	2-1-1	2-1-1
2-1-1	2-1-1	2-1-1		3코	3코		2-2-1

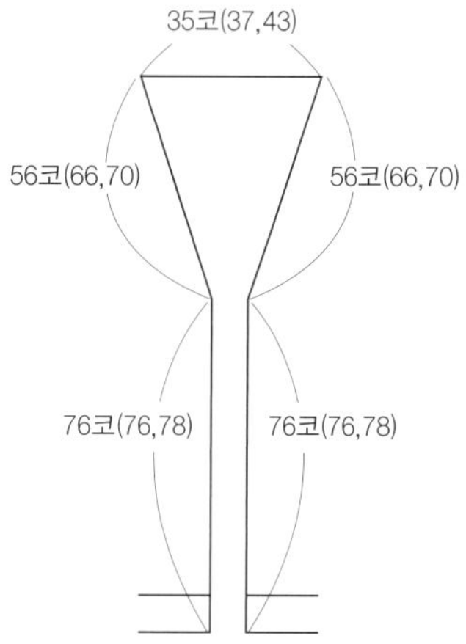

밑단

1 3.5mm 바늘로 275코(299, 325)를 만듭니다.

1단(편물 안면): 안뜨기 2코, (겉뜨기 1코, 안뜨기 1코) 반복, 마지막 1코는 안뜨기

2단(편물 겉면): 겉뜨기 2코, (안뜨기 1코, 겉뜨기 1코) 반복, 마지막 1코는 겉뜨기

2 1~2단을 반복하여 4cm(4, 5)가 될 때까지 뜨고 마지막 편물 겉쪽에서 모든 코를 겉뜨기 하면서 다음과 같이 고르게 94코(106, 108)를 줄입니다.

85사이즈: (겉뜨기 1코, 왼코겹치기)를 3번, [왼코겹치기, (겉뜨기 1코, 왼코겹치기) × 12번]을 7번 반복

95사이즈: (겉뜨기 1코, 왼코겹치기)를 11번, [왼코겹치기, (겉뜨기 1코, 왼코겹치기) × 4번]을 19번 반복

105사이즈: (겉뜨기 1코, 왼코겹치기)를 107번 반복, 겉뜨기 2코, 왼코겹치기

전체 코수는 181코(193, 217)가 됩니다.

몸판

1 4.0mm 바늘로 바꿔 몸판의 1~66단까지 차트대로 뜹니다.

66단 다음부터는 좌우 앞판과 뒤판을 각각 따로 뜨는 부분입니다.

2 전체 코수를 아래와 같이 나누어 위치를 표시합니다.

앞판: 44코(46, 53) / 뒤판: 93코(101, 111) / 앞판: 44코(46, 53)

3 다음 단을 모두 겉뜨기로 뜹니다.

새로운 1단이 됩니다. 다음 단(2단)부터는 오른쪽 앞판을 먼저 뜨고 왼쪽 앞판, 뒤판 순으로 뜹니다.

오른쪽 앞판(착용 기준)

1 2단의 44코(46, 53)를 뜨고 남은 코는 뜨지 않고 편물을 돌려 오른쪽 앞판 차트대로 56단(66, 70)까지 뜹니다.

2 남은 35코(38, 41)를 다른 바늘이나 실에 옮겨둔 후 실을 약간 남기고 자릅니다.

3 바늘에 걸려있는 코 중 93코(101, 111)를 다른 바늘이나 실에 옮겨두고 왼쪽 앞판 뜨기를 준비합니다.

왼쪽 앞판

새로운 실을 연결하여 왼쪽 앞판을 차트대로 뜨고 남은 어깨코 35코(38, 41)를 다른 바늘이나 실에 옮겨둔 후 실을 약간 남기고 자릅니다.

뒤판

1 남은 93코(101, 111)를 바늘로 옮기고 새로운 실을 연결하여 차트대로 뜨고 38단(44, 48)부터 양쪽 어깨처짐을 시작합니다.

2 52단(60, 64)까지 어깨처짐을 하고 오른쪽 어깨의 뒷목처짐과 어깨처짐을 끝냅니다. 실을 어깨너비의 3배 정도 남긴 후 오른쪽 앞판 어깨코와 메리야스 잇기로 연결합니다.

반대편 어깨도 같은 방법으로 뜨고 왼쪽 앞판 어깨코와 연결해줍니다.

소매

1 3.5mm 바늘로 앞판과 뒤판 사이에서 1코(중심코)를 줍고 진동 둘레에서 고르게 55코(61, 69)를 줍습니다. 4.0mm 바늘로 바꿔 원통뜨기로 소매 차트의 1~97단(109, 109)까지 뜹니다.

2 3.5mm 바늘로 바꿔 모든 코를 겉뜨기로 뜨면서 고르게 20코(24, 26)를 늘립니다.

전체 코수는 76코(86, 96)가 됩니다.

3 1코 고무뜨기로 원하는 만큼(혹은 4cm(4, 5)가 될 때까지) 뜨고 코막음을 합니다.

반대편 소매도 같은 방법으로 뜹니다.

넥밴드, 앞단

1 3.5mm 바늘로 오른쪽 앞판의 밑단 끝에서 시작하여 V넥 전까지 76코(76, 78), 네크라인에서 56코(66, 70), 뒷목에서 35코(37, 43), 반대편 네크라인에서 56코(66, 70), 나머지 편물에서 76코(76, 78)를 줍습니다.

1단(편물 안면, 모든 홀수 단): 첫 코 걸러뜨기, (안뜨기 1코, 겉뜨기 1코)를 2코 남을 때까지 반복, 안뜨기 2코

2단(편물 겉면, 모든 짝수 단): 첫 코 걸러뜨기, (겉뜨기 1코, 안뜨기 1코)를 2코 남을 때까지 반복, 겉뜨기 2코

2 3단까지 뜨고 4단을 뜨기 전 오른쪽 앞단에 단춧구멍 위치를 안뜨기 코에 표시합니다.

- 원작은 5군데를 표시하였으나 원하는 만큼 간격과 개수를 조절하세요.
- 첫 번째 단춧구멍은 밑단의 중심, 마지막 단춧구멍은 첫 번째 V넥 줄임 위치에 표시합니다.

4단: [표시 위치 전까지 1코 고무뜨기, (바늘비우기, 왼코겹치기)]를 반복, 마지막 단춧구멍이 끝나면 남은 코는 원래 무늬대로 끝까지 뜹니다.

3 계속해서 11단까지 뜨고 12단째 원하는 방법으로 코막음을 합니다.

몸판 차트(공통)

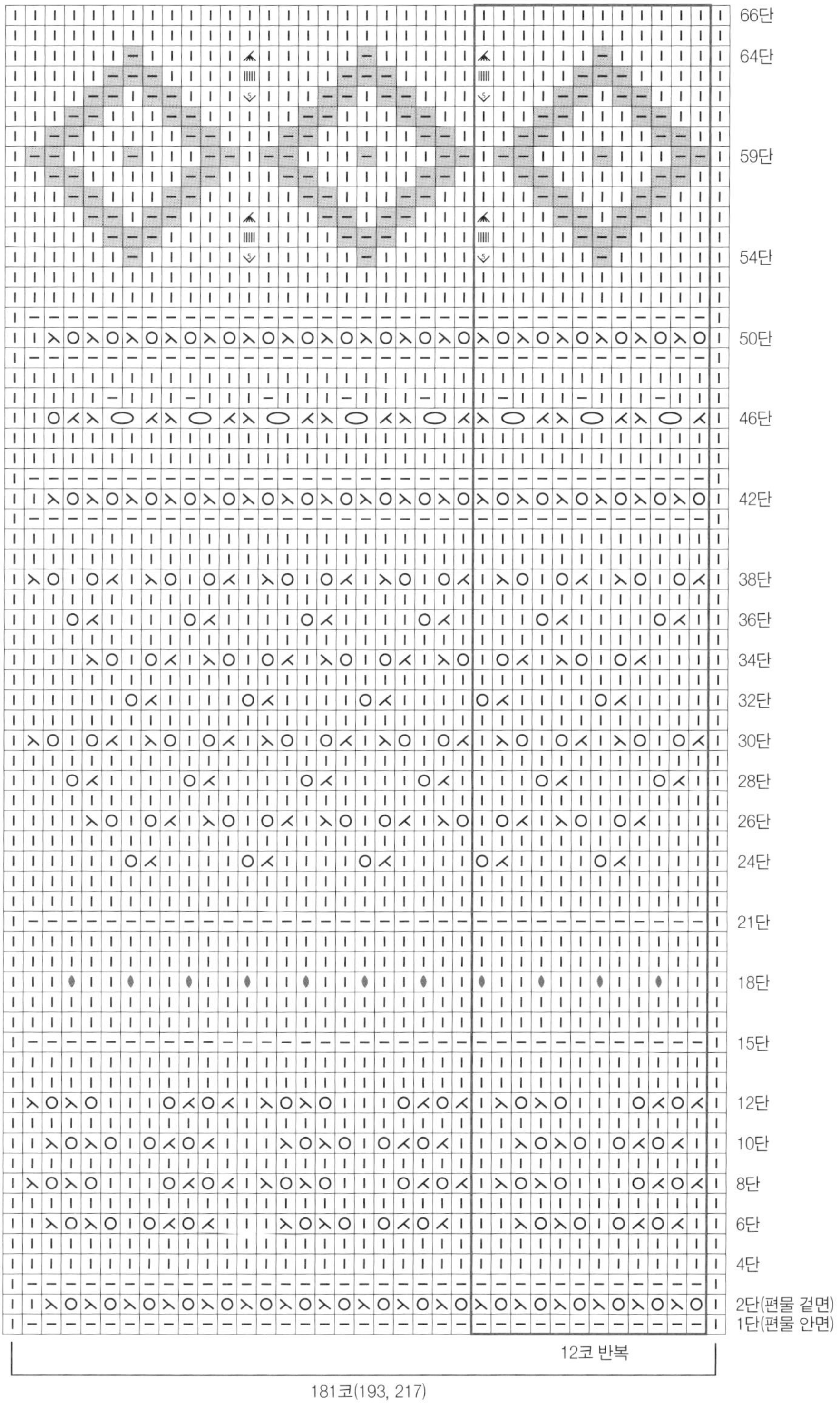

66단
64단
59단
54단
50단
46단
42단
38단
36단
34단
32단
30단
28단
26단
24단
21단
18단
15단
12단
10단
8단
6단
4단
2단(편물 겉면)
1단(편물 안면)

12코 반복

181코(193, 217)

85사이즈 앞판 차트

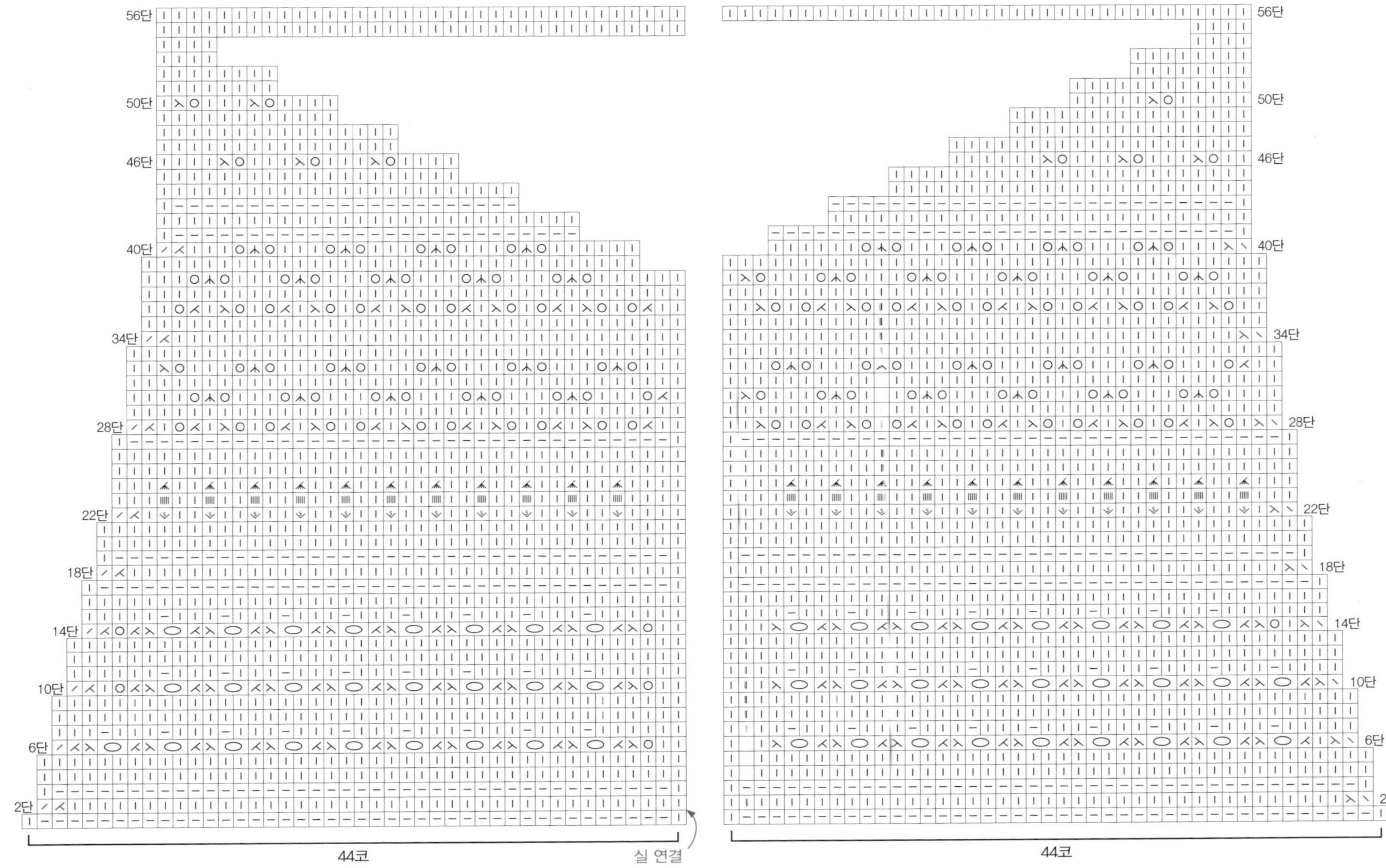

85사이즈 뒤판 차트

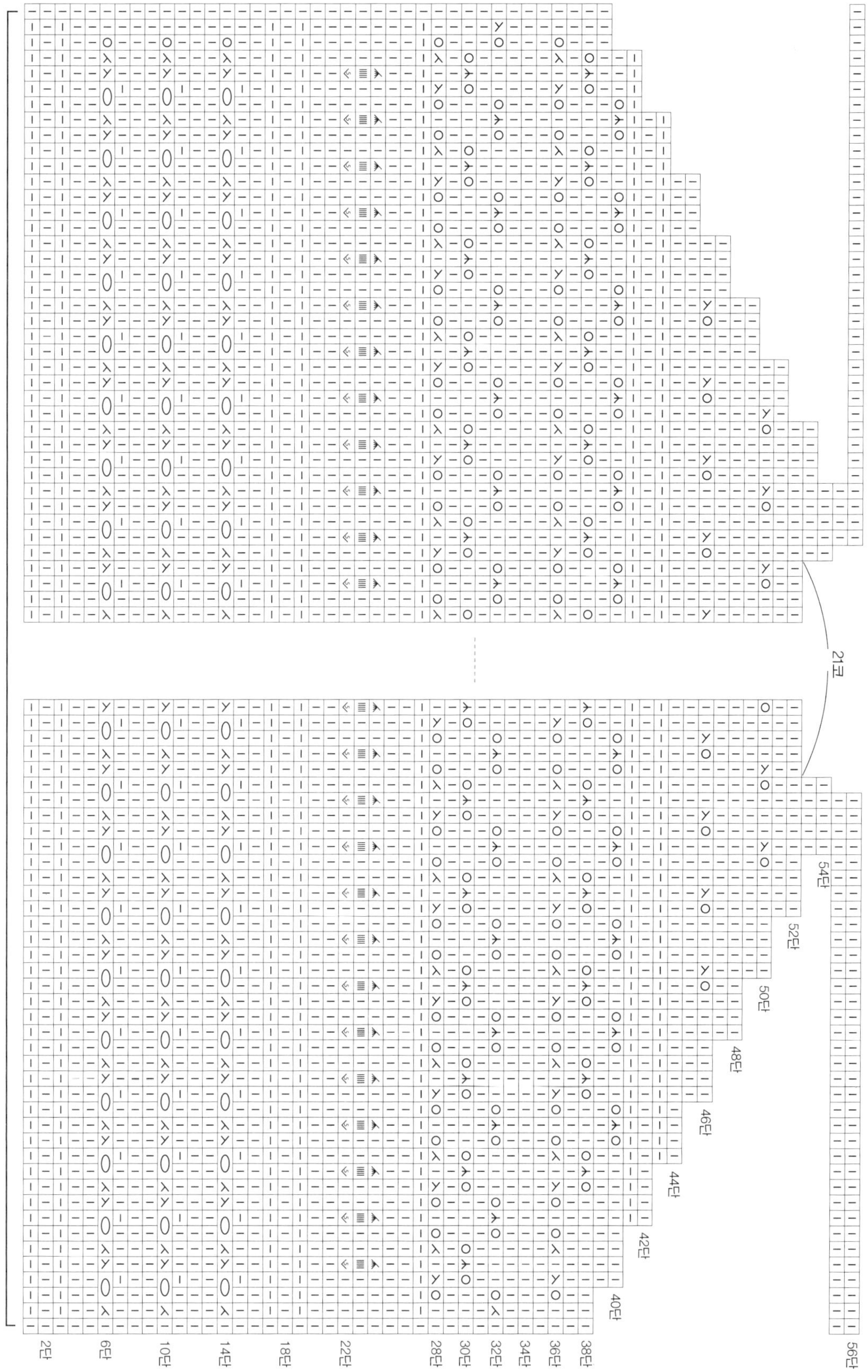

93코

21코

2단 6단 10단 14단 18단 22단 28단 30단 32단 34단 36단 38단 40단 42단 44단 46단 48단 50단 52단 54단 56단

85사이즈 소매 차트

97단
96단
90단
86단
83단
80단
77단
72단
68단
64단
60단
56단
52단
48단
43단
38단
34단
30단
26단
22단
18단
12단
9단
4단
2단
1단
56코
중심코

95사이즈 앞판 차트

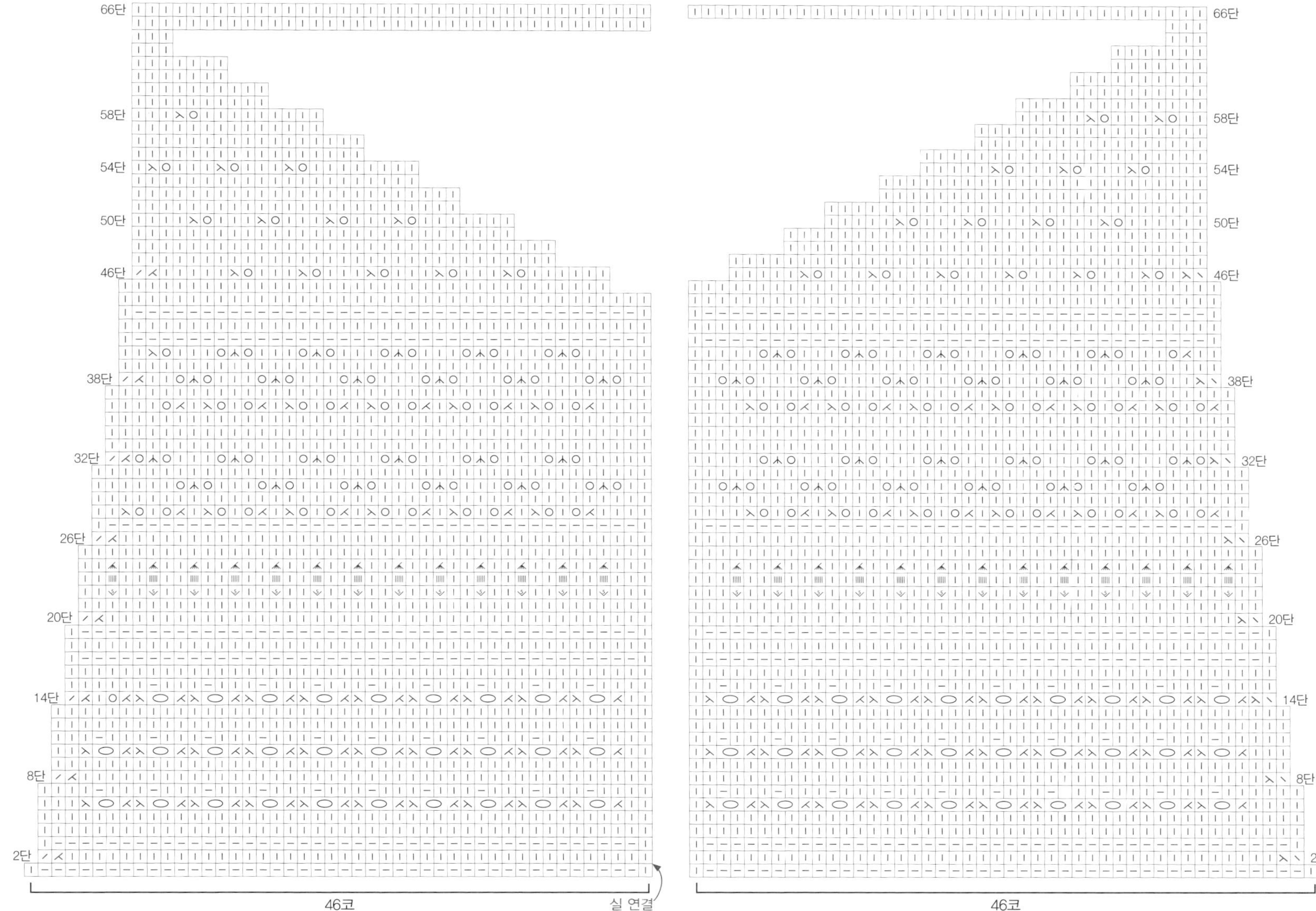

95사이즈 뒤판 차트

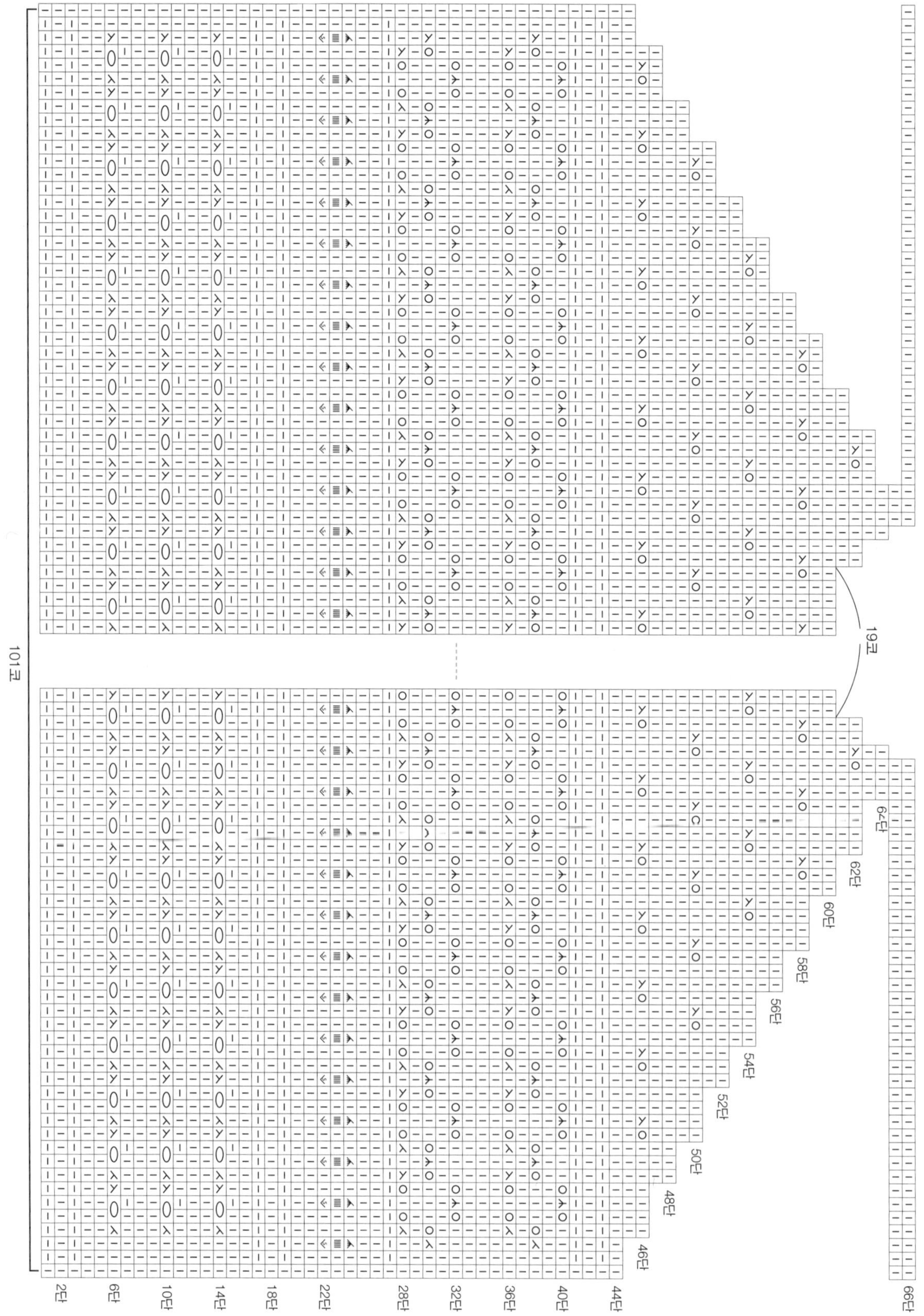

101코

19코

2단 6단 10단 14단 18단 22단 28단 32단 36단 40단 44단 46단 48단 50단 52단 54단 56단 58단 60단 62단 64단 66단

95사이즈 소매 차트

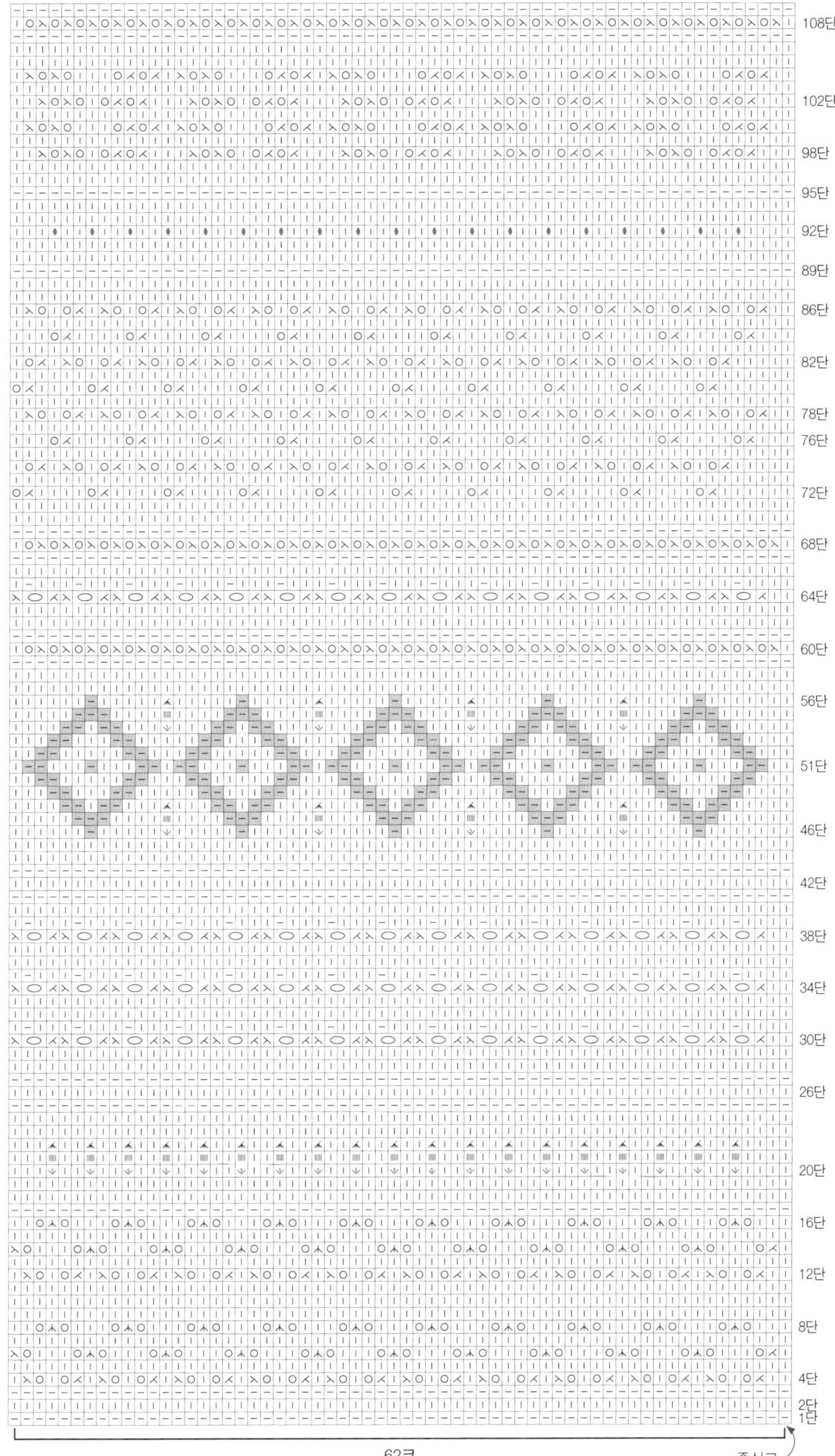
108단
102단
98단
95단
92단
89단
86단
82단
78단
76단
72단
68단
64단
60단
56단
51단
46단
42단
38단
34단
30단
26단
20단
16단
12단
8단
4단
2단
1단
62코
중심코

105사이즈 앞판 차트

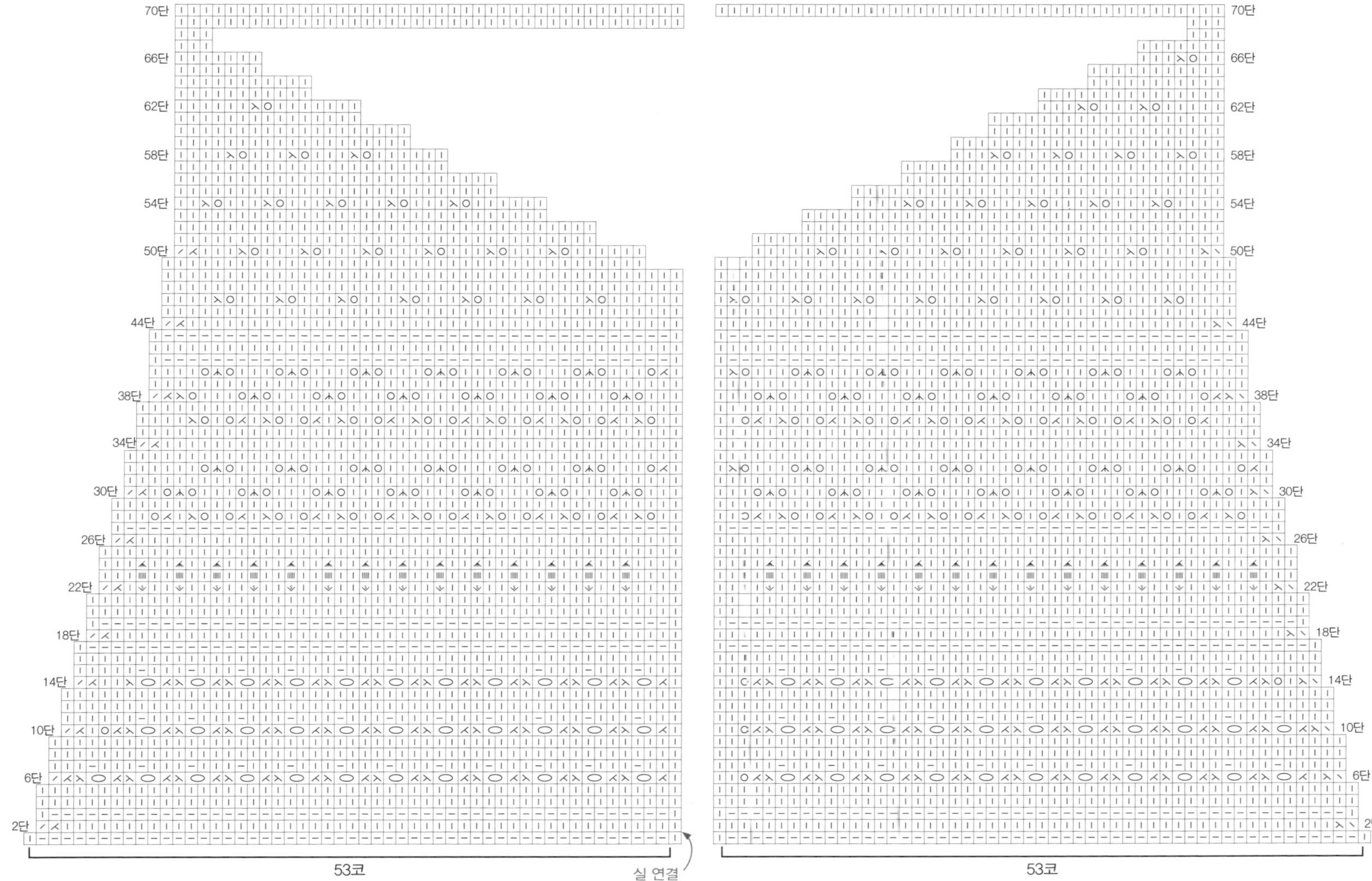
70단
66단
62단
58단
54단
50단
44단
38단
34단
30단
26단
22단
18단
14단
10단
6단
2단
53코
실 연결
53코

105사이즈 뒤판 차트

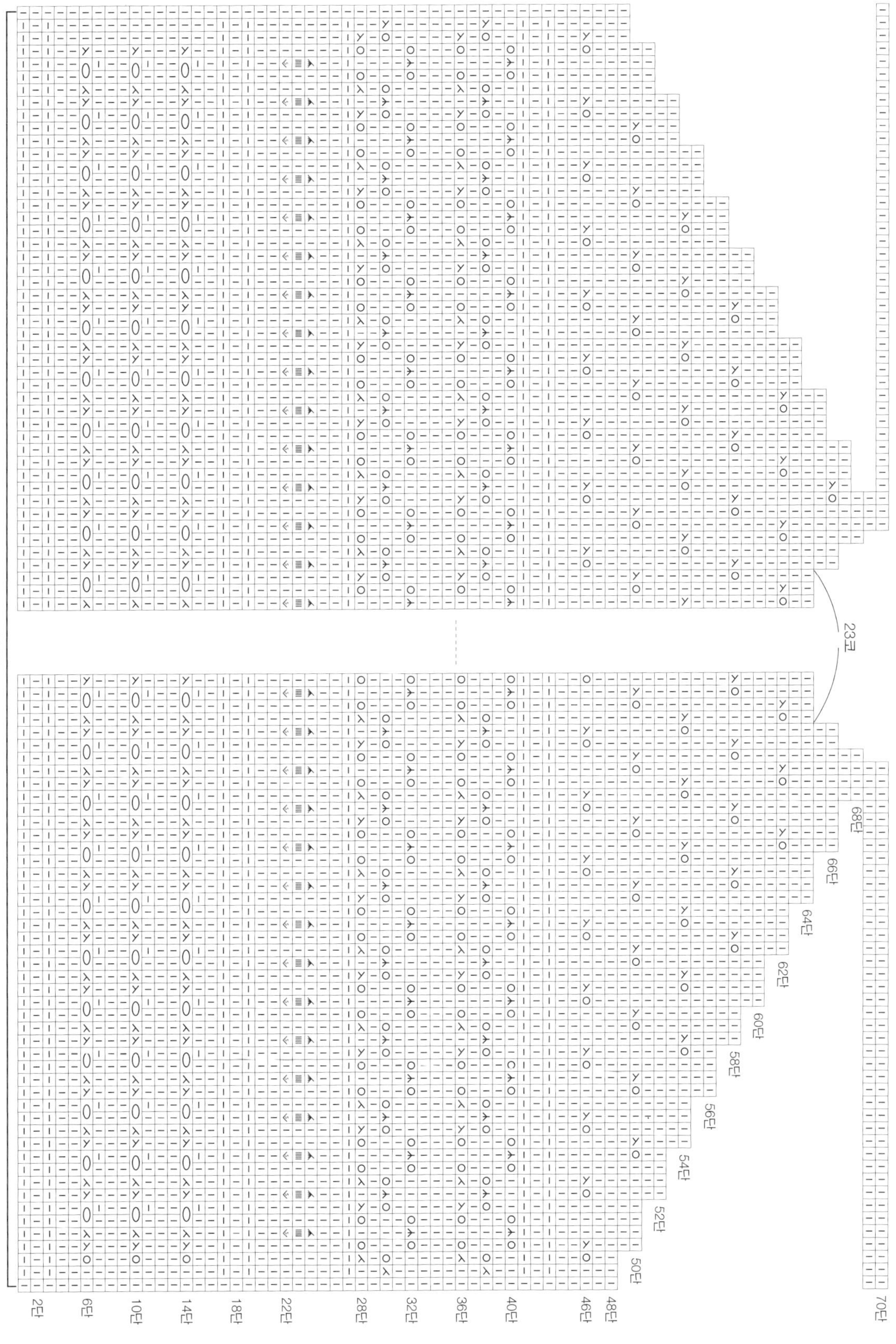

111코

23코

2단 6단 10단 14단 18단 22단 28단 32단 36단 40단 46단 48단 50단 52단 54단 56단 58단 60단 62단 64단 66단 68단 70단

105사이즈 소매 차트

108단
102단
98단
92단
88단
86단
84단
80단
76단
72단
68단
64단
60단
56단
51단
46단
42단
38단
34단
30단
26단
20단
16단
12단
8단
4단
2단
1단
70코
중심코

로지 딜라이트 카디건

Rosy Delight Cardigan

작품 소개

가볍게 걸치기 좋은 로지 딜라이트 카디건은 봄과 여름철에 딱 어울리는 아이템입니다. 심플하고 넉넉한 실루엣 덕분에 어떤 옷과도 잘 어울려요. 팔꿈치까지 내려오는 소매와 여유 있는 핏 덕분에 몸을 편안하고 부드럽게 감싸주는 느낌이 좋아요. 이음새 없이 한 번에 뜰 수 있어 뜨기 편하고 입기에도 편해서 제가 좋아하는 카디건입니다. 원피스 위에 가볍게 걸치면 로맨틱한 느낌을, 티셔츠와 데님 팬츠에 매치하면 캐주얼하면서도 멋스러운 스타일을 연출할 수 있답니다. 장미 한 송이로 마음이 밝아지듯 작은 장미무늬 조각에서 시작된 뜨개가 기분 좋은 설렘으로 이어지길 바랍니다.

기본 정보

실	Zoe(1볼 40g 150m, 면 100%) 10볼(805번 5볼, 856번 5볼)
바늘	5.5mm, 6.0mm 대바늘
게이지	6.0mm 805번 1겹, 856번 1겹(총 2겹), 기본무늬 1.58코 2.45단(1cm 기준)

주의 사항

- 이 책에서 사용한 실은 2겹으로 작업했습니다. 다른 실을 사용할 땐 50g당 약 90~95cm인 실을 고르세요.
- 코와 단수를 자유롭게 조정하여 원하는 크기로 만들 수 있는 디자인입니다.
- 해당 작품에 사용된 약어는 다음과 같습니다.
  - 겉1, 안1: 겉뜨기 1코, 안뜨기 1코
  - (*): 겉뜨기 1코, 바늘비우기, 겉뜨기 1코
  - [*]: 2코 한꺼번에 겉뜨기, 바늘비우기

도식

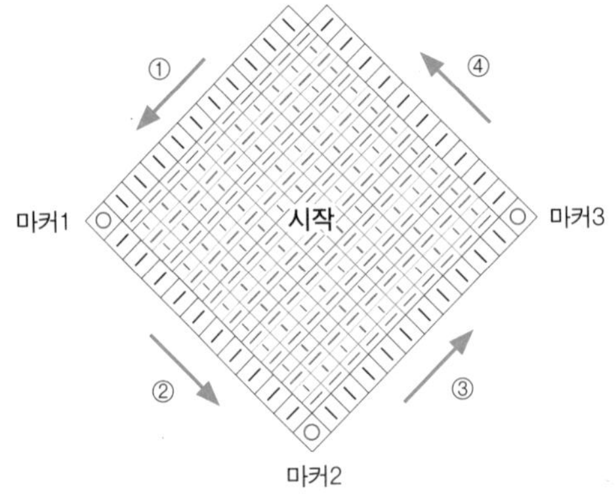

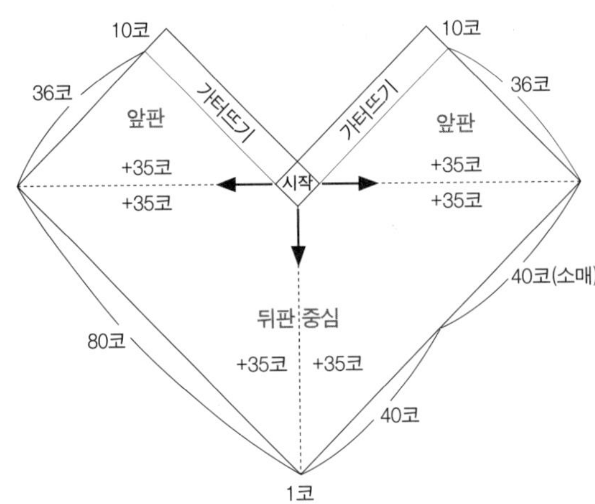

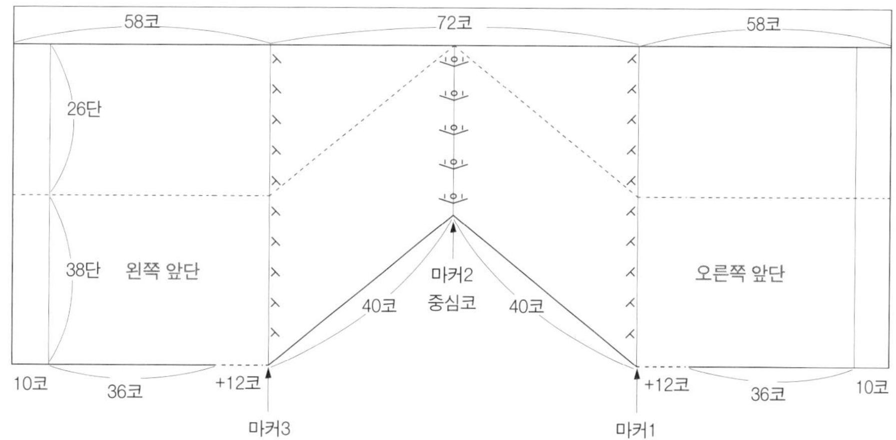

시작

1 10코를 만들어 가터뜨기로 19단을 뜨고, 20단째 파란 화살표의 방향대로 뜨면서 겉뜨기 10코, 편물을 뒤집지 않은 상태에서 바늘비우기 1코, 편물의 옆면에서 10코를 줍습니다.

2 바늘비우기 1코를 만들고, 시작코에서 10코를 줍습니다.

3 바늘비우기 1코를 만듭니다. 나머지 옆면에서 10코를 줍습니다.

전체 코수는 43코가 되고, 다음 단부터 몸판의 1단이 됩니다.

4 3군데에 있는 바늘비우기 코의 위치를 마커나 다른 색 실로 표시하고 순서대로 마커 1, 2, 3으로 정합니다.

몸판1

1 아래 순서에 맞게 1~2단을 떠줍니다.

1단(편물 안면): 처음과 끝의 10코는 겉뜨기, 나머지 코는 모두 안뜨기로 뜹니다. 첫 코는 걸러뜨기를 해도 되고 하지 않아도 됩니다.

이 책에서는 걸러뜨기를 하지 않았으나 취향에 따라 선택해도 괜찮습니다.

2단: 겉뜨기 10코를 뜬 후 마커1에 겉뜨기 1코, 바늘비우기, 겉뜨기 1코를 뜹니다. 겉뜨기 10코를 추가로 떠주세요.

2 마커2에 겉뜨기 1코, 바늘비우기, 겉뜨기 1코를 떠준 후 추가로 겉뜨기 10코를 떠주세요.

3 마커3에 겉뜨기 1코, 바늘비우기, 겉뜨기 1코를 떠준 후 남은 10코를 모두 겉뜨기 합니다.

전체 코수는 49코가 됩니다.

4 아래와 같이 3~16단을 떠줍니다.

3단: 처음과 끝의 11코는 겉뜨기, 나머지 코는 모두 안뜨기, 이어지는 모든 홀수 단은 같은 방법으로 뜨고, 3단 이후의 홀수 단 설명을 생략합니다.

4단: 겉10, 안1, (*), 겉12, (*), 겉12, (*), 안1, 겉10 - 전체 코수 55코

6단: 겉10, 안1, 겉1, (*), 겉14, (*), 겉14, (*), 겉1, 안1, 겉10 - 전체 코수 61코

8단: 겉10, 안1, 겉2, (*), 겉16, (*), 겉16, (*), 겉2, 안1, 겉10 - 전체 코수 67코

10단: 겉10, 안1, 겉3, (*), 겉18, (*), 겉18, (*), 겉3, 안1, 겉10 - 전체 코수 73코

12단: 겉10, 안1, 겉4, (*), 겉20, (*), 겉20, (*), 겉4, 안1, 겉10 - 전체 코수 79코

14단: 겉10, 안1, 겉5, (*), 겉22, (*), 겉22, (*), 겉5, 안1, 겉10 - 전체 코수 85코

16단: 겉10, 안1, 겉6, (*), 겉24, (*), 겉24, (*), 겉6, 안1, 겉10 - 전체 코수 91코

5 계속해서 마커 위치에서 코늘림을 하며 47단까지 뜹니다.

48단: 겉10, 안1, [*]를 11번, (*), [*]를 28번, (*), [*]를 28번, (*), [*]를 11번 반복, 안1, 겉10 - 전체 코수 187코

50단: 겉10, 안1, 겉23, (*), 겉58, (*), 겉58, (*), 겉23, 안1, 겉10

52단: 겉10, 안1, 겉24, (*), 겉60, (*), 겉60, (*), 겉24, 안1, 겉10 - 전체 코수 199코

6 계속해서 같은 방법으로 59단까지 뜹니다.

60단: 겉10, 안1, [*]를 14번, (*), [*]를 34번, (*), [*]를 34번, (*), [*]를 14번 반복, 안1, 겉10 - 전체 코수 223코

62단: 겉10, 안1, 겉29, (*), 겉70, (*), 겉70, (*), 겉29, 안1, 겉10 - 전체 코수 229코

64단: 겉10, 안1, 겉30, (*), 겉72, (*), 겉72, (*), 겉30, 안1, 겉10 - 전체 코수 235코

7 계속해서 같은 방법으로 코늘림을 하며 70단까지 뜹니다.

전체 코수는 253코가 됩니다.

8 마커1, 3을 제거하고 전체 코수를 다음과 같이 나누어 표시합니다.

앞단: 10코 / 앞판: 36코 / 소매: 40코 / 뒤판: 40코, 마커2(1코), 뒤판: 40코 / 소매: 40코 / 앞판: 36코 / 앞단: 10코

몸판2, 소매 분리

1 아래와 같이 1~37단을 떠줍니다.

이번 단부터 몸판2의 1단이 됩니다.

1단: 겉뜨기 11코, 안뜨기 35코, 다음의 40코를 다른 바늘이나 자투리 실에 옮겨둡니다. 손가락걸기 12코, 뒤판 81코를 안뜨기, 다음의 40코를 다른 곳에 옮겨두고, 손가락걸기 12코, 안뜨기 35코, 겉뜨기 11코 - 전체 코수 197코

2단: 겉뜨기 10코, 안뜨기 1코, 겉뜨기 47코, 새로운 마커(마커1)를 끼웁니다. 왼코겹치기, 겉뜨기 38코, (*), 겉뜨기 38코, 오른코겹치기, 새로운 마커(마커3)를 끼웁니다. 겉뜨기 47코, 안뜨기 1코, 겉뜨기 10코 - 전체 코수 197코

3단: 겉뜨기 11코, 11코 남을 때까지 안뜨기, 겉뜨기 11코

이후의 모든 홀수 단은 3단과 똑같이 뜹니다.

2 같은 방법으로 37단까지 뜨거나 2, 3단을 원하는 길이가 될 때까지 반복합니다(마커 2 기준).

3 아래와 같이 38단을 뜹니다.

38단: 겉뜨기 10코, 안뜨기 1코, [*]를 23번 반복, 겉뜨기 1코, 마커1을 옮기고, 왼코겹치기, [*]를 19번, (*), [*]를 19번 반복, 오른코겹치기, 마커를 옮기고, [*]를 23번 반복, 겉뜨기 1코, 안뜨기 1코, 겉뜨기 10코

4 39단을 떠줍니다.

오른쪽 앞판

1 아래와 같이 40~43단을 떠줍니다.

40단부터는 마커2를 중심으로 좌우로 나누어 경사뜨기를 하게 됩니다.

40단: 겉뜨기 10코, 안뜨기 1코, 겉뜨기 47코, 왼코겹치기, 마커1 옮기고, 겉뜨기 38코, 마커2의 코에서 코늘림을 하지 않고 겉뜨기로 뜹니다. 남은 코는 뜨지 않은 채 편물을 돌립니다. - 전체 코수 98코

41단: 2코를 덮어씌우고 원래 무늬대로 끝까지 뜹니다. - 전체 코수 96코

42단: 겉뜨기 10코, 안뜨기 1코, 겉뜨기 47코, 왼코겹치기, 겉뜨기 36코 - 전체 코수 95코

43단: 2코를 덮어씌우고 원래 무늬대로 끝까지 뜹니다. - 전체 코수 93코

2 계속해서 65단까지 뜨면서 짝수 단에서 1코, 홀수 단에서 2코씩 덮어씌우면서 60코가 남을 때까지 뜹니다.

실을 자르지 않고 그대로 둡니다.

왼쪽 앞판

1 마커2 다음 코에 실을 연결하여 다음과 같이 뜹니다.

40단: 2코 덮어씌우기, 덮어씌우기가 끝나면 오른쪽 바늘에 1코가 걸려있게 됩니다.

그 코를 포함하여 겉뜨기 36코, 오른코겹치기, 마커3 옮기고, 겉뜨기 47코, 안뜨기 1코, 겉뜨기 10코 - 전체 코수 95코

41단: 겉뜨기 11코, 끝까지 안뜨기

42단: 2코 덮어씌우기, 마커3의 2코 전까지 겉뜨기, 오른코겹치기, 겉뜨기 47코, 안뜨기 1코, 겉뜨기 10코 - 전체 코수 92코

2 41, 42단을 반복하여 63단까지 뜨면 62코가 남게 됩니다. 64단에서 1코만 덮어씌우고 원래 방식대로 끝까지 뜹니다.

전체 코수는 60코가 됩니다.

3 65단까지 뜨고 실을 자릅니다.

4 오른쪽 앞판에 연결된 실로 겉뜨기 10코, 안뜨기 1코를 뜬 후 바늘에 걸린 코는 모두 겉뜨기로 뜨고 뒤판의 덮어씌우기 한 자리에서 72코를 고르게 줍습니다.

5 11코가 남을 때까지 겉뜨기 한 후 안뜨기 1코, 겉뜨기 10코를 떠줍니다.

6 5.5mm 바늘로 바꿔 다음 단부터 홀수 단과 짝수 단을 모두 겉뜨기로 뜨고 원하는 길이가 되면 덮어씌우기로 마무리합니다.

소매단

1 손가락걸기로 만들었던 12코의 중심에서 시작하여 6코를 줍습니다.

2 따로 옮겨둔 40코를 5.5mm 바늘로 옮겨 겉뜨기 한 후 나머지 6코를 줍고 원통으로 가터뜨기 9단을 뜨고 10단째 덮어씌웁니다.

반대편 소매단도 같은 방법으로 뜹니다.

세이지 볼레로

Sage Bolero

작품 소개

아침 공기는 서늘하고 낮에는 따뜻한 햇살이 내리쬐는 계절, 봄과 여름 사이에 가볍게 걸칠 수 있는 아이템을 구상하며 만든 볼레로입니다. 직사각형으로 길게 떠서 소매와 몸판을 한번에 완성할 수 있는 간단한 구조이지만 착용했을 땐 어깨를 부드럽게 감싸줘서 편안하게 입을 수 있습니다. 은은하게 퍼지는 허브향처럼 따뜻함을 전해줄 거예요. 때로는 카디건처럼, 때로는 숄처럼 활용할 수 있답니다. 계절이 바뀌는 길목에 입는 볼레로처럼 한 겹 더해진 여유로움을 느껴보길 바랍니다.

기본 정보

실	Heather(1볼 50g 125m, 면 72%, 아크릴 16%, 울 12%) 8볼
바늘	4.0mm, 4.5mm 대바늘
게이지	4.5mm 기본무늬 2.0코 2.6단
사이즈	품 60cm, 총장 85cm

주의 사항

- 코수, 단수를 자유롭게 조정하여 원하는 대로 사이즈를 만들 수 있는 디자인입니다.
- 단수는 길이에 맞춰 조절해주세요.
- 완전히 펼쳐지지 않는 디자인이므로 중간중간 편물을 뒤집어 주세요.

도식

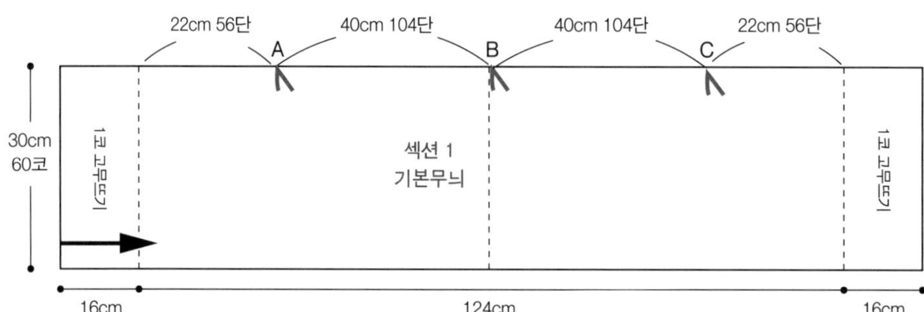

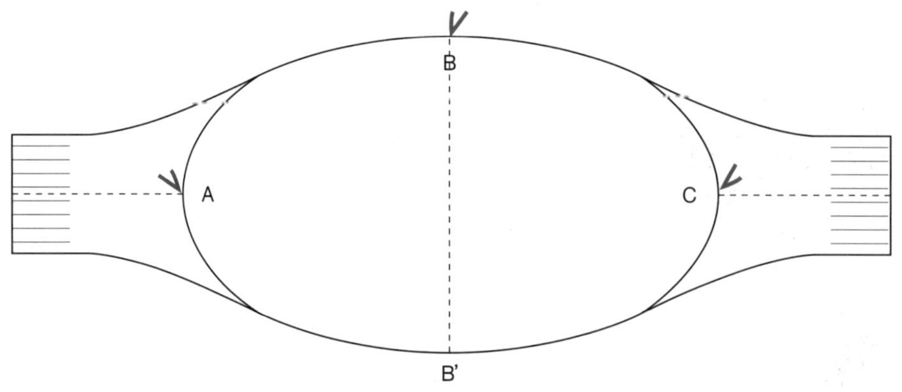

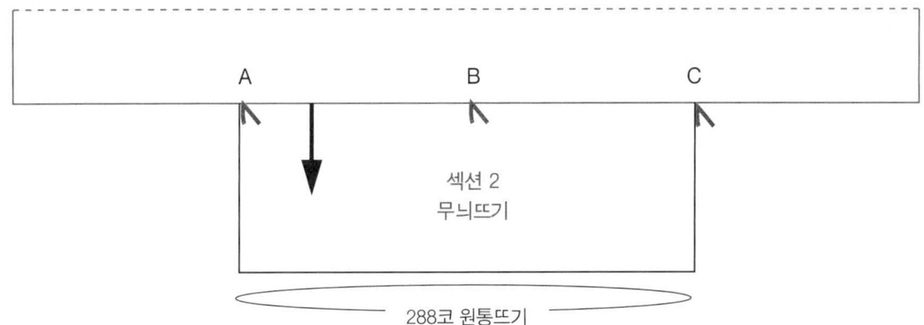

섹션 1

1 4.5mm 바늘로 54코를 만들어 1코 고무뜨기로 16cm를 뜹니다.

2 기본무늬로 바꿔 22cm를 뜨고 양쪽 가장자리에 다른 색의 실이나 마커로 위치 A(소매)를 표시합니다.

3 40cm를 뜨고 양쪽 가장자리에 위치 B(중심)를 표시합니다.

4 40cm를 더 뜨고 양쪽 가장자리에 위치 C를 표시합니다. A~C가 등판이 됩니다.

5 22cm을 더 뜨고 1코 고무뜨기로 바꿔 16cm를 뜬 후 마무리합니다.

6 양쪽 소매 끝에서 각각 A, C 지점까지 옆선을 연결하여 소매를 만들고 이때 생긴 라운드를 4등분(A~B, B~C, C~B', B'~A)합니다.

7 4.0mm 바늘로 C 지점에서 시작하여 4군데에서 72코씩 줍습니다.

176쪽의 무늬뜨기 차트를 참조하세요.

섹션 2

1 4.0mm 바늘로 288코를 원통뜨기 하면서 무늬차트 1~22단을 뜹니다.

손이 촘촘한 분들은 4.5mm 바늘을 사용해주세요.

2 4.5mm 바늘로 바꿔 8~23단을 원하는 만큼(이 책에서는 25cm) 반복한 후 느슨하게 덮어씌워 마무리합니다.

무늬뜨기 차트

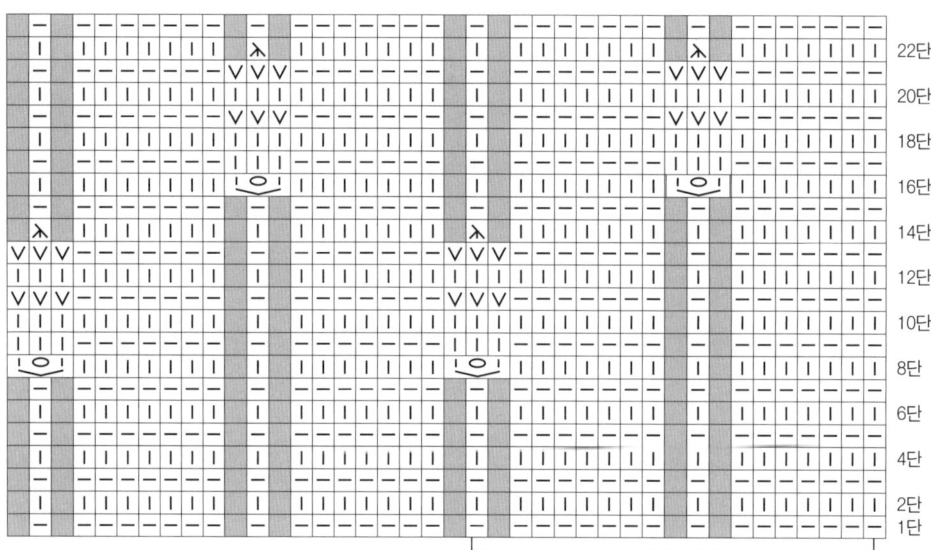

크로플 풀오버

Croffle Pullover

작품 소개

스트레스가 쌓이는 날, 저는 크로플의 달콤함으로 마음을 달래곤 합니다. 입안에 달달함이 퍼지면 고민되던 일은 훌훌 털어버리고 어느새 웃게 되지요. 뜨개도 마찬가지입니다. 꼭 복잡한 무늬여야 하는 건 아닌데 때로는 어렵고 정교한 패턴에 집착하곤 합니다. 어린 시절 바쁜 하루를 보내고 하루에 한 시간이라도 뜨개를 할 수 있는 시간이 얼마나 달콤하게 느껴졌는지 잊고 있었어요. 복잡한 마음을 내려놓고 '심플 이즈 베스트'를 콘셉트로 풀오버를 만들었습니다. 하루의 끝에 뜨개를 하며 느꼈던 소소한 기쁨처럼 이 풀오버가 여러분에게 뜨개의 달콤함을 전해줄 수 있기를 바랍니다.

기본 정보

실	보리(1볼 50g 125m, 면 100%)
바늘	3.5mm, 4.0mm 대바늘, 모사용 4/0~5/0호 코바늘
게이지	4.0mm 무늬뜨기 1.7코 3.0단(1cm 기준)

사이즈

사이즈	85	95	105	115
몸판(cm)	55	60	66	72
목너비	14	16	18	20
진동 길이	21	22.5	24	25.5
V넥 깊이	21	21	23	23
소매 둘레	42	45	48	51
손목 둘레	30	35	38	40
옆선 길이	16	16	18	20
총장	46	48	53	57
실 소요량	6볼	7볼	8볼	9볼

주의 사항

- M1L, M1R 코늘림이 사용됩니다.
- 소매가 좁고 긴 형태라 길이가 더 늘어날 수 있으니 약간 짧게 완성하는 것을 권합니다.
- 실 소요량은 95사이즈를 기준으로 계산되었으며 뜨는 사람에 따라 달라질 수 있습니다.
- 넥밴드 무늬로 인해 자연스럽게 앞판 V넥이 뒤판보다 살짝 길어집니다. 세탁 후 편평한 곳에 펼쳐 앞판 시작 부분이 뒤판 쪽으로 넘어가도록 자연스럽게 어깨선을 정리하여 건조해주세요.
- 손이 촘촘하다면 넥밴드가 짧게 나올 수 있으니 젖은 상태에서 넥밴드를 조심스럽게 늘려 길이를 맞춰주세요.

도식

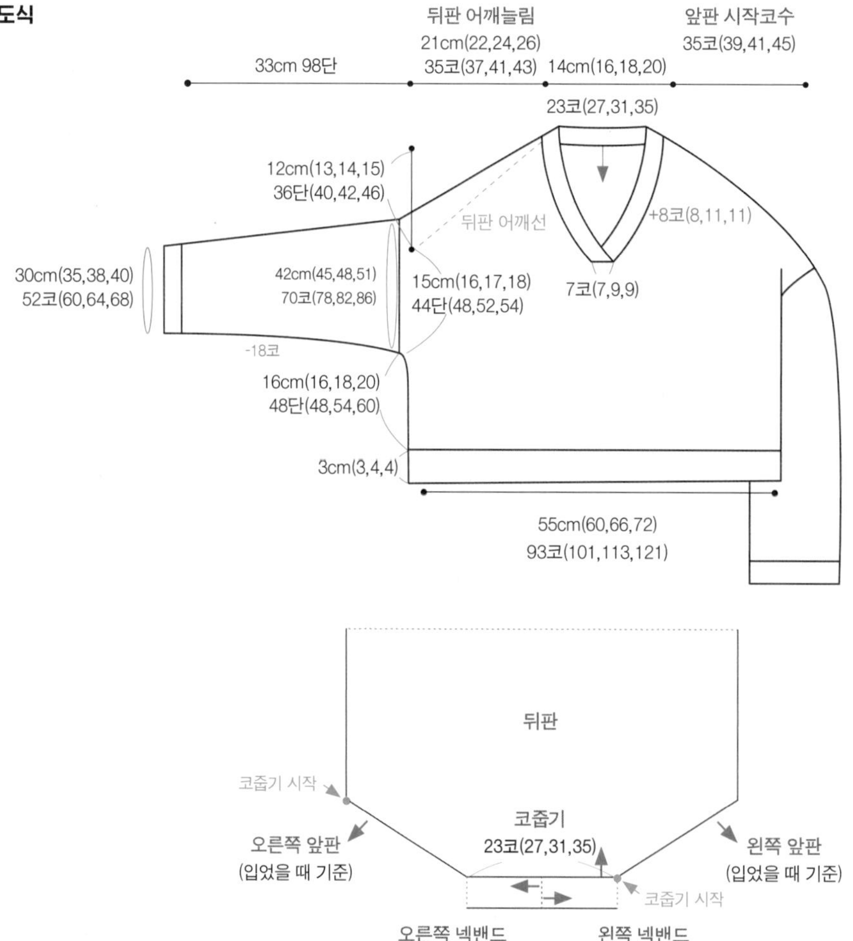

무늬뜨기

4.0mm 바늘로 15cm 정도가 되도록 홀수 코를 만들어 평면뜨기로 시험뜨기 합니다.

- 평면뜨기와 원통뜨기 두 방식이 모두 사용됩니다.
- 185쪽의 무늬뜨기 차트를 참조하세요.

1. 평면뜨기일 때

1단(편물 안면): 모두 안뜨기

2단(편물 겉면): 모두 겉뜨기

3단: 안뜨기 1코, 1코 남을 때까지 겉뜨기, 안뜨기 1코

4단: 모두 겉뜨기

5단: 모두 안뜨기

6단: 겉뜨기 1코, [왼코겹치기, 바늘비우기], [ ]를 2코 남을 때까지 반복, 겉뜨기 2코

1~6단을 반복

2. 원통뜨기일 때(몸판, 소매)

1단: 모두 겉뜨기

2단: 모두 겉뜨기

3단: 겉뜨기 1코, 1코 남을 때까지 안뜨기, 겉뜨기 1코

4단: 모두 겉뜨기

5단: 모두 겉뜨기

6단: 겉뜨기 1코, [왼코겹치기, 바늘비우기], [ ]를 2코 남을 때까지 반복, 겉뜨기 2코

1~6단을 반복

오른쪽 넥밴드

1 4.0mm 바늘로 10코(10, 12, 12)를 만들고 첫 번째 코에 마커를 끼운 후 다음과 같이 뜹니다.

1단(편물 안면): 안뜨기 2코, (안뜨기 1코, 겉뜨기 1코)를 4번(4, 5, 5) 반복

2단(편물 겉면): (안뜨기 1코, 겉뜨기 1코)를 4번(4, 5, 5) 반복, 겉뜨기 2코

3단: 실이 편물 앞쪽에 있는 상태에서 2코를 뜨지 않고 오른쪽 바늘로 옮긴 후 (안뜨기 1코, 겉뜨기 1코)를 4번(4, 5, 5) 반복

2 2, 3단을 반복하여 17단(19, 21, 23)까지 뜨고 실을 약간 남기고 자릅니다. 바늘에 걸린 코를 다른 실이나 바늘에 옮겨둡니다.

왼쪽 넥밴드

1 마커를 끼운 첫 번째 코에서 시작하여 10코(10, 12, 12)를 줍고 다음과 같이 뜹니다.

1단(편물 안면): (겉뜨기 1코, 안뜨기 1코)를 4번(4, 5, 5) 반복 후 안뜨기 2코를 뜹니다.

2단(편물 겉면): 실이 편물 뒤쪽에 있는 상태에서 2코를 뜨지 않고 오른쪽 바늘로 옮긴 후 (겉뜨기 1코, 안뜨기 1코)를 4번(4, 5, 5) 반복합니다.

2 1, 2단을 반복하여 18단(20, 22, 24)까지 뜹니다. 바늘에 걸린 코를 다른 실이나 바늘에 옮겨둡니다.

3 실을 자르지 않고 편물을 오른쪽으로 90도 회전하여 옆선에서 고르게 23코(27, 31, 35)를 줍습니다. 다음 단부터 뒤판의 1단이 됩니다.

뒤판

1 1단을 모두 안뜨기로 뜨고, 차트를 참고하여 양쪽의 3코 안쪽에서 2단째부터 코늘림을 시작합니다. 36단(40, 42, 46)까지 뜨면 양쪽 옆에서 34코(36, 40, 42)가 늘어나 전체 코수는 91코(99, 111, 119)가 됩니다.

2 양쪽 옆선에 위치를 표시하고 계속해서 무늬대로 뜹니다. 79단(87, 93, 99)까지 뜨고 실을 약간 남기고 자른 후 다른 바늘이나 실에 옮겨둡니다.

왼쪽 앞판

- 차트에 넥밴드는 표시하지 않았습니다. 원래 뜨던 무늬대로 뜨면 됩니다.
- 더 깊은 V넥은 6단 단위로 평단을 추가하여 코늘림을 합니다.

1 왼쪽 넥밴드 10코(10, 12, 12)를 4.0mm 바늘에 끼우고 뒤판 왼쪽 어깨에서 35코(39, 41, 45)를 줍습니다. 다음 단부터 1단이 됩니다.

2 넥밴드는 1코 고무뜨기로 뜨면서 나머지 코는 차트를 참고하여 정해진 단 오른쪽 가장자리에서 코늘림을 하면서 60단(60, 66, 66)까지 뜹니다.

61단(61, 67, 67): 10코(10, 12, 12)가 남을 때까지 무늬대로 뜨고, 안뜨기 2코(2, 4, 4), (2코 한꺼번에 안뜨기)를 3번 반복, 남은 2코를 안뜨기, 실을 약간 남기고 자른 후 다른 바늘에 옮겨둡니다.

💬 넥밴드는 7코(7, 9, 9)가 됩니다.

오른쪽 앞판

1 4.0mm 바늘로 뒤판 오른쪽 어깨 끝에서 시작하여 35코(39, 41, 45)를 줍습니다.

2 다른 바늘에 옮겨둔 오른쪽 넥밴드 10코(10, 12, 12)를 무늬대로 뜹니다.

💬 다음 단부터 1단이 됩니다.

1~60단: 넥밴드는 1코 고무뜨기로 뜨면서 나머지 코는 차트를 참고하여 정해진 단 왼쪽 가장자리에서 코늘림을 해 60단(60, 66, 66)까지 뜹니다.

61단(61, 67, 67): 안뜨기 2코, (2코를 한꺼번에 안뜨기)를 3번 반복, 안뜨기 2코(2, 4, 4), 남은 코는 원래 무늬대로 뜹니다.

넥밴드는 7코(7, 9, 9)가 됩니다.

앞판 합치기

1 오른쪽 앞판의 62단(62, 68, 68)을 뜨면서 다음과 같이 양쪽 앞판을 연결합니다.

2 넥밴드 7코(7, 9, 9)가 남을 때까지 차트대로 뜹니다. 왼쪽 앞판의 넥밴드 7코(7, 9, 9)를 오른쪽 앞판의 아래에 오도록 하여 양쪽 앞판의 넥밴드 코를 겹쳐 모두 겉뜨기로 뜹니다.

3 나머지 왼쪽 앞판은 차트대로 62단(62, 68, 68)을 뜹니다. 앞판 코수는 93코(101, 113, 121)가 됩니다.

4 합쳐진 코를 포함하여 전체 코를 무늬대로 80단(88, 94, 100)까지 뜨고, 다른 바늘에 옮겨둔 뒤판 코를 바로 연결하여 뒤판 차트의 80단(88, 94, 100)을 뜹니다.

전체 코수는 186코(202, 226, 242)가 됩니다.

몸판, 밑단

1 원통으로 연결하여 몸판 1단을 뜹니다.

2 48단(48, 54, 60)까지(혹은 원하는 길이가 될 때까지) 뜨고, 3.5mm 바늘로 바꿔 가터뜨기로 3cm(3, 4, 4)가 될 때까지 뜬 후 코막음을 합니다.

코막음을 할 때 너무 촘촘하거나 느슨해지지 않도록 주의하세요.

소매

1 몸판 진동 중심에서 시작하여 3.5mm 바늘로 소매 둘레에서 70코(78, 82, 86)를 줍습니다.

1~80단: 4.0mm 바늘로 바꿔 원통뜨기로 소매 차트대로 뜨면서 진동 중심 2코 전후에서 정해진 단마다 코줄임을 합니다.

2 80단까지 뜨면 18코가 줄어 전체 코수는 52코(60, 64, 68)가 됩니다.

3 원하는 길이만큼 더 뜨고, 3.5mm 바늘로 바꿔 가터뜨기로 3cm(3, 4, 4)가 될 때까지 뜨고 코막음 합니다.

반대편 소매도 같은 방법으로 뜹니다.

무늬뜨기 차트

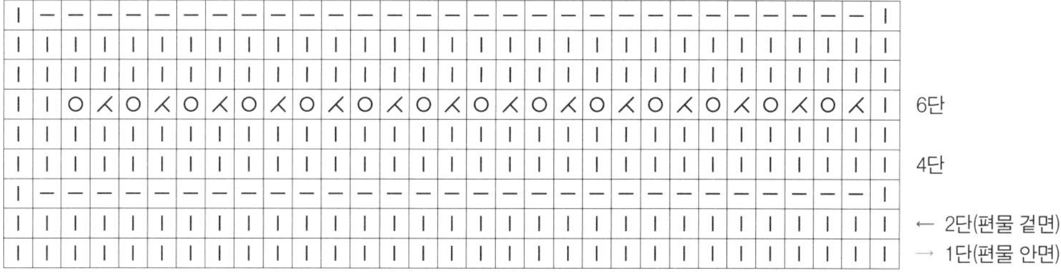

넥밴드 차트

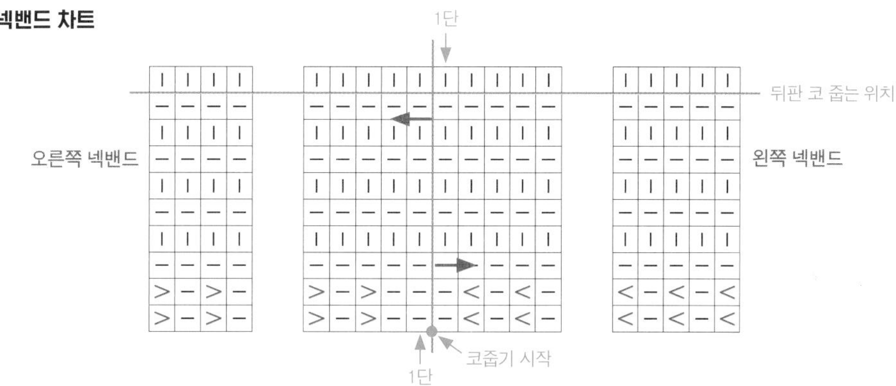

85사이즈 뒤판 차트

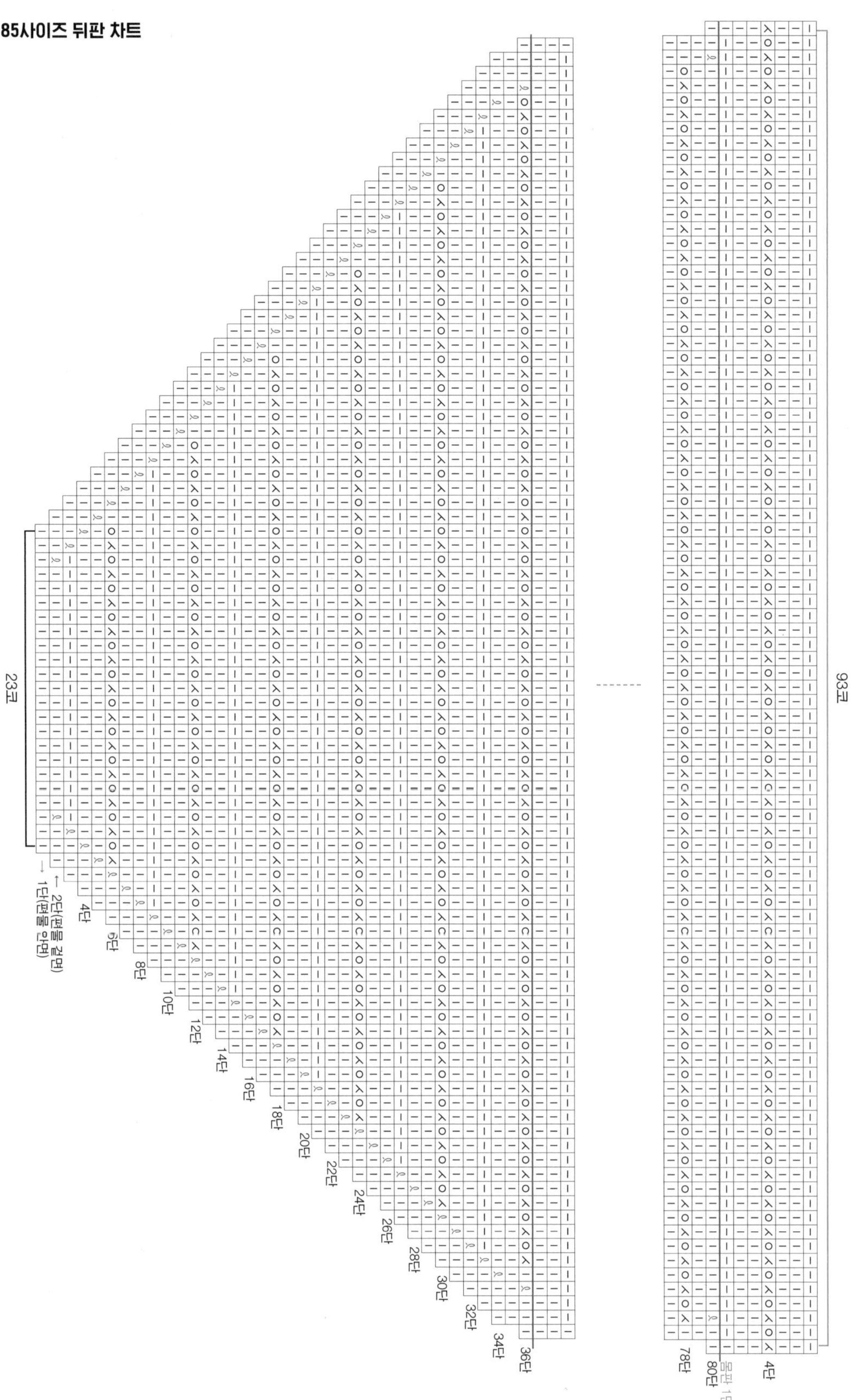
23코
← 2단(편물 겉면)
→ 1단(편물 안면)
4단
6단
8단
10단
12단
14단
16단
18단
20단
22단
24단
26단
28단
30단
32단
34단
36단
78단
80단
몸판 1단
4단
93코

85사이즈 앞판 차트

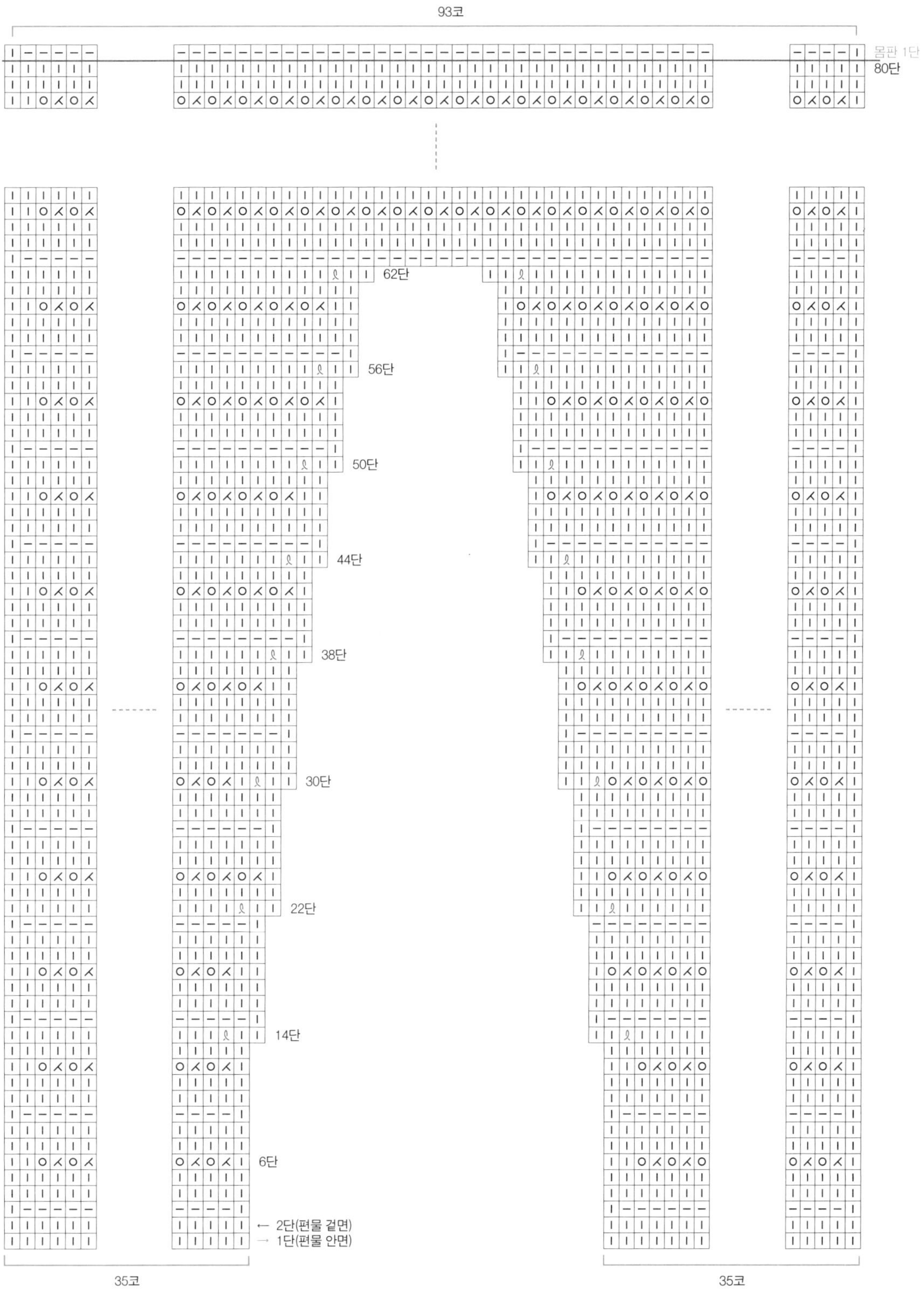

93코

몸판 1단

80단

62단

56단

50단

44단

38단

30단

22단

14단

6단

← 2단(편물 겉면)

→ 1단(편물 안면)

35코

35코

95사이즈 뒤판 차트

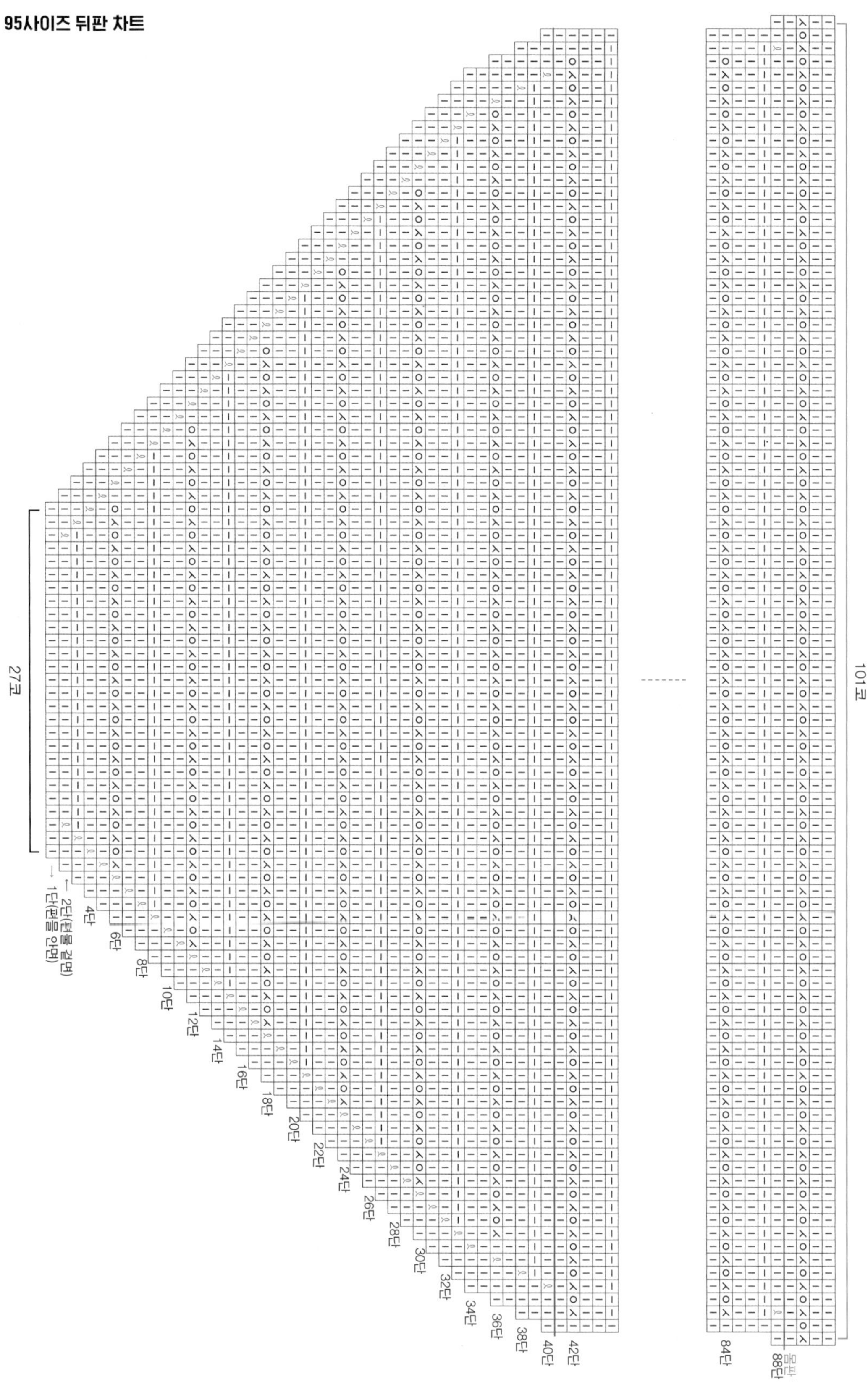
27코
101코
← 2단(편물 겉면)
→ 1단(편물 안면)
4단
6단
8단
10단
12단
14단
16단
18단
20단
22단
24단
26단
28단
30단
32단
34단
36단
38단
40단
42단
84단
88단
몸판 1단

95사이즈 앞판 차트

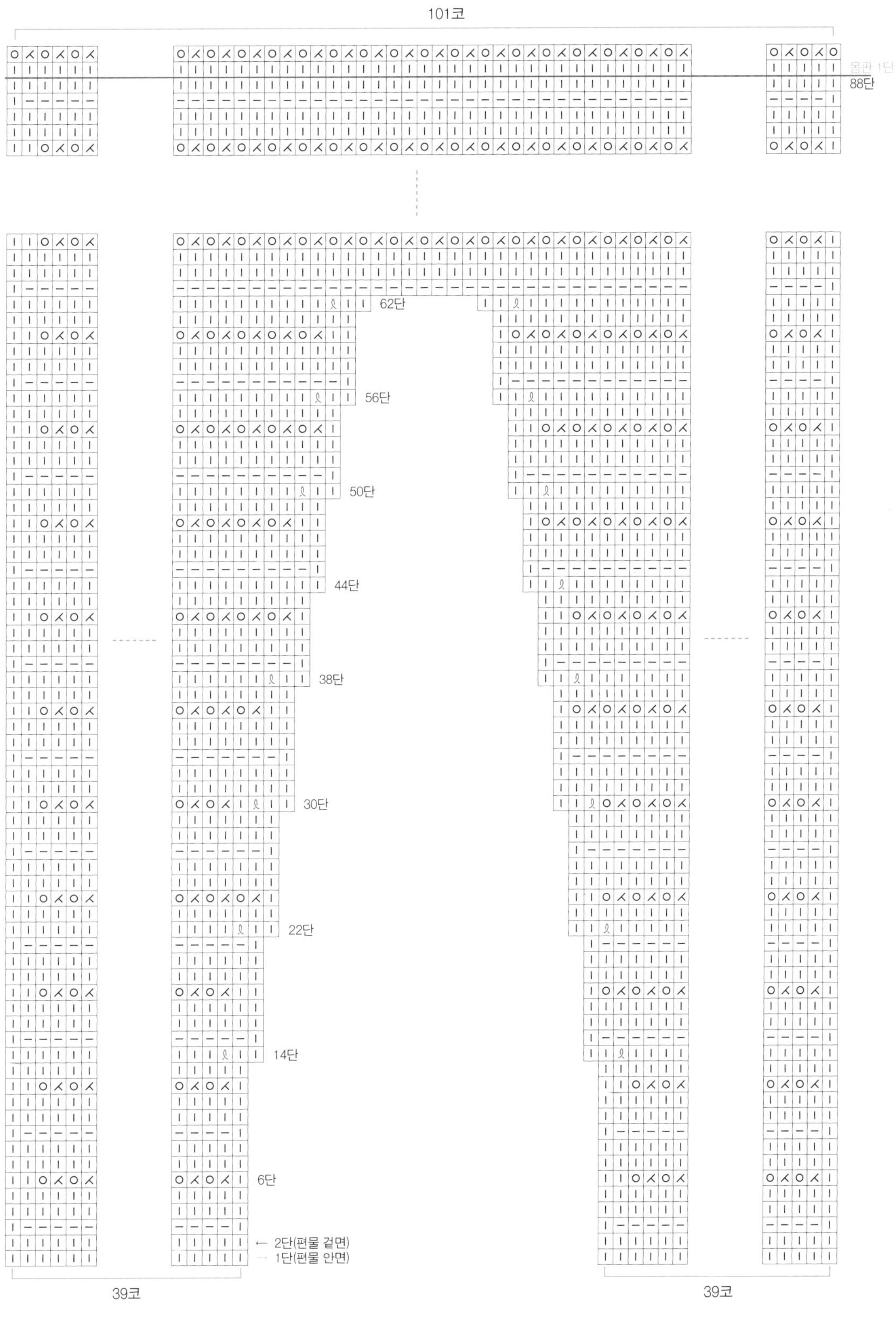

101코

몸판 1단

88단

62단

56단

50단

44단

38단

30단

22단

14단

6단

← 2단(편물 겉면)

→ 1단(편물 안면)

39코

39코

105사이즈 뒤판 차트

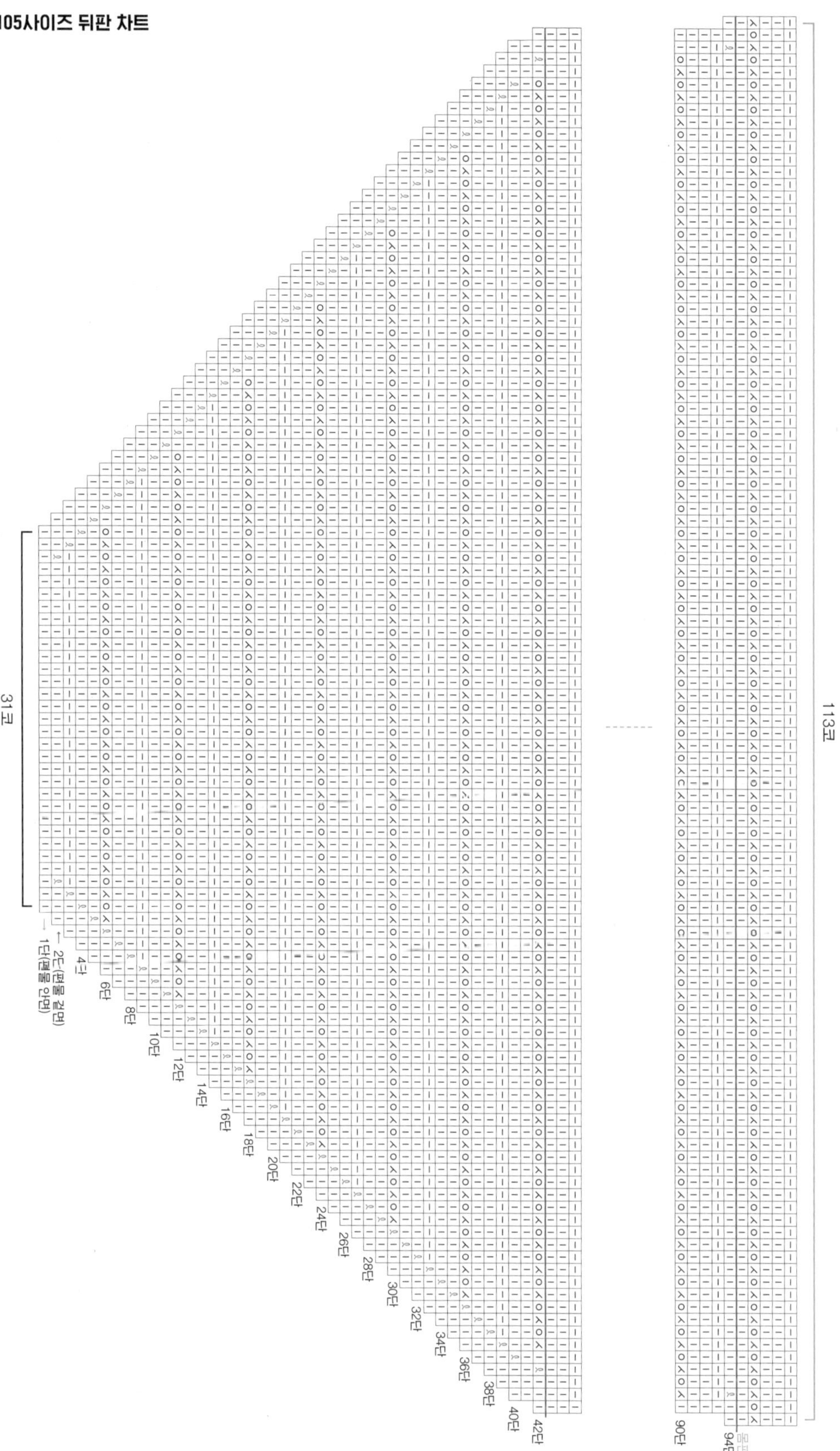

31코
113코
1단(편물 안면)
2단(편물 겉면)
4단
6단
8단
10단
12단
14단
16단
18단
20단
22단
24단
26단
28단
30단
32단
34단
36단
38단
40단
42단
90단
94단
몸판 1단

105사이즈 앞판 차트

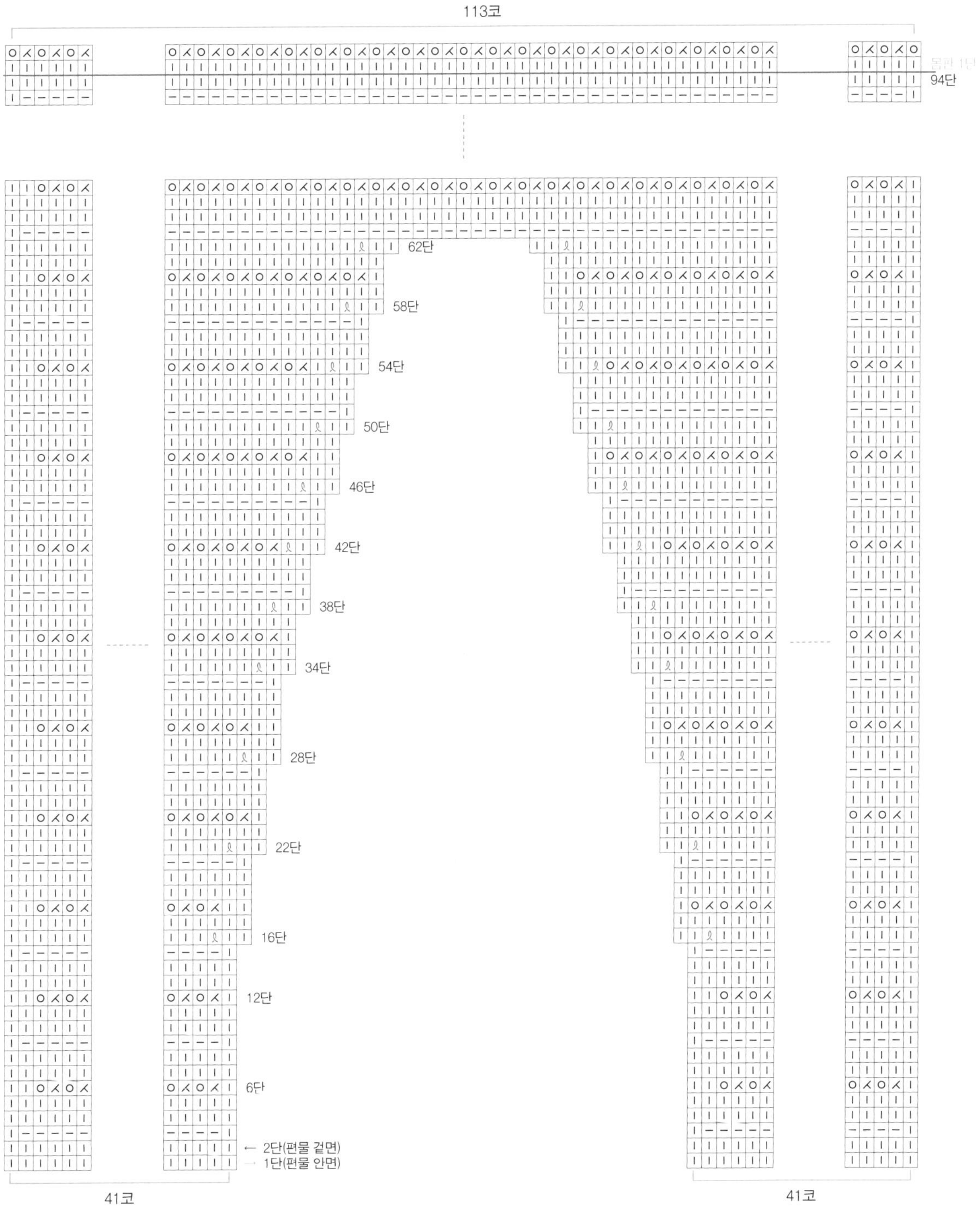

113코

몸판 1단

94단

62단

58단

54단

50단

46단

42단

38단

34단

28단

22단

16단

12단

6단

← 2단(편물 겉면)

→ 1단(편물 안면)

41코

41코

115사이즈 뒤판 차트

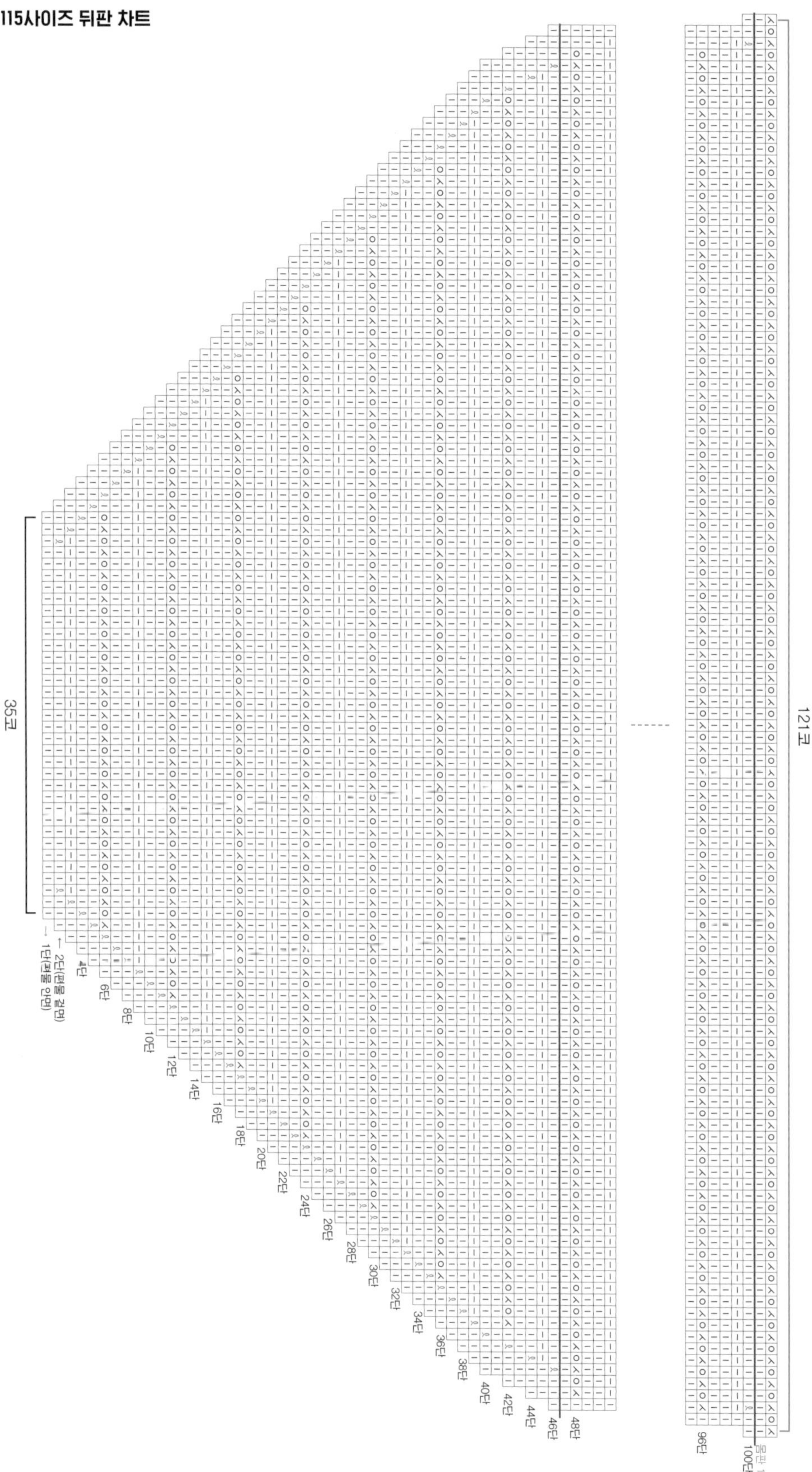
35코
121코
1단(편물 안면)
2단(편물 겉면)
4단
6단
8단
10단
12단
14단
16단
18단
20단
22단
24단
26단
28단
30단
32단
34단
36단
38단
40단
42단
44단
46단
48단
96단
100단
몸판 1단

115사이즈 앞판 차트

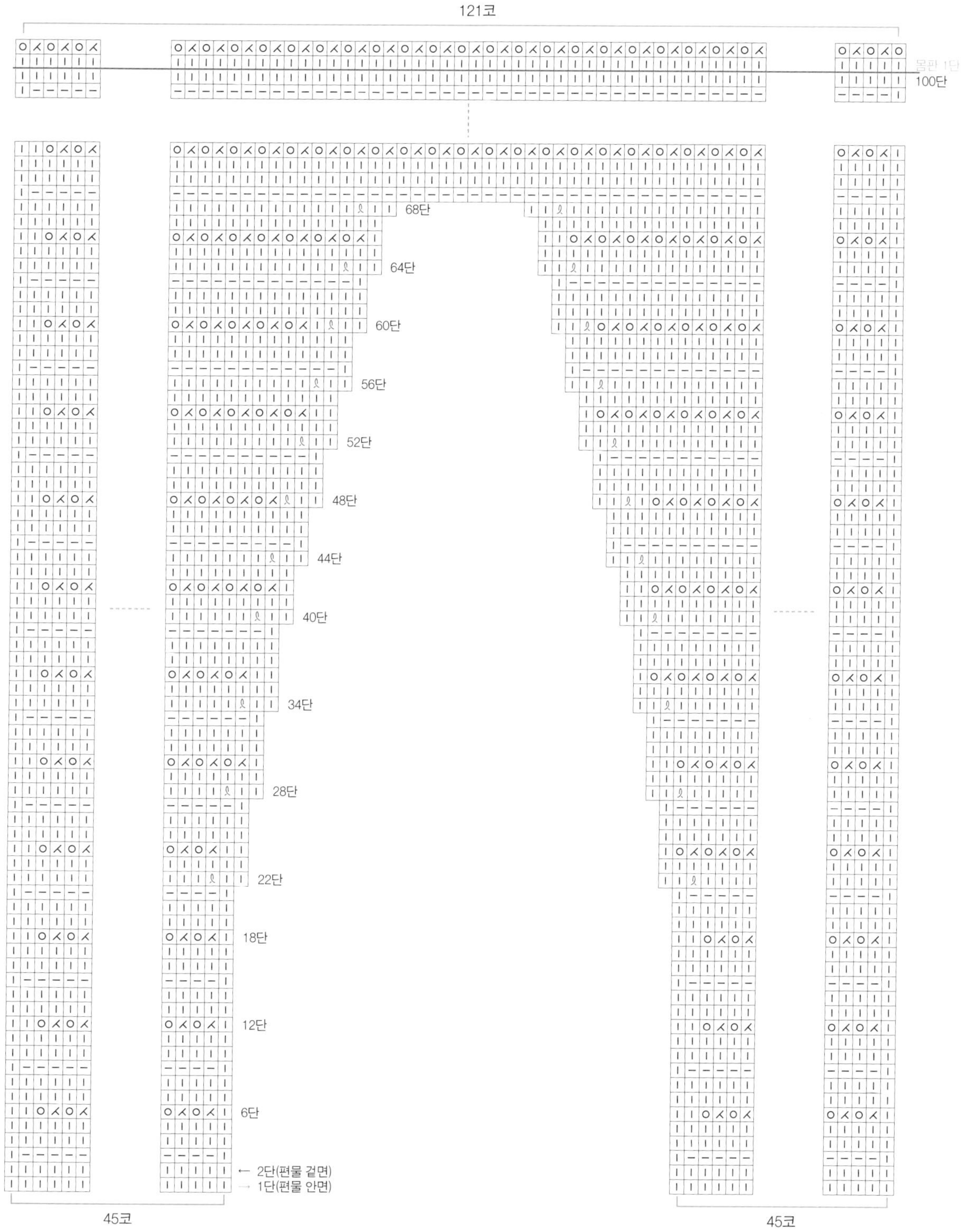

121코

몸판 1단

100단

68단

64단

60단

56단

52단

48단

44단

40단

34단

28단

22단

18단

12단

6단

← 2단(편물 겉면)

→ 1단(편물 안면)

45코

45코

소매 차트(공통, 원통뜨기)

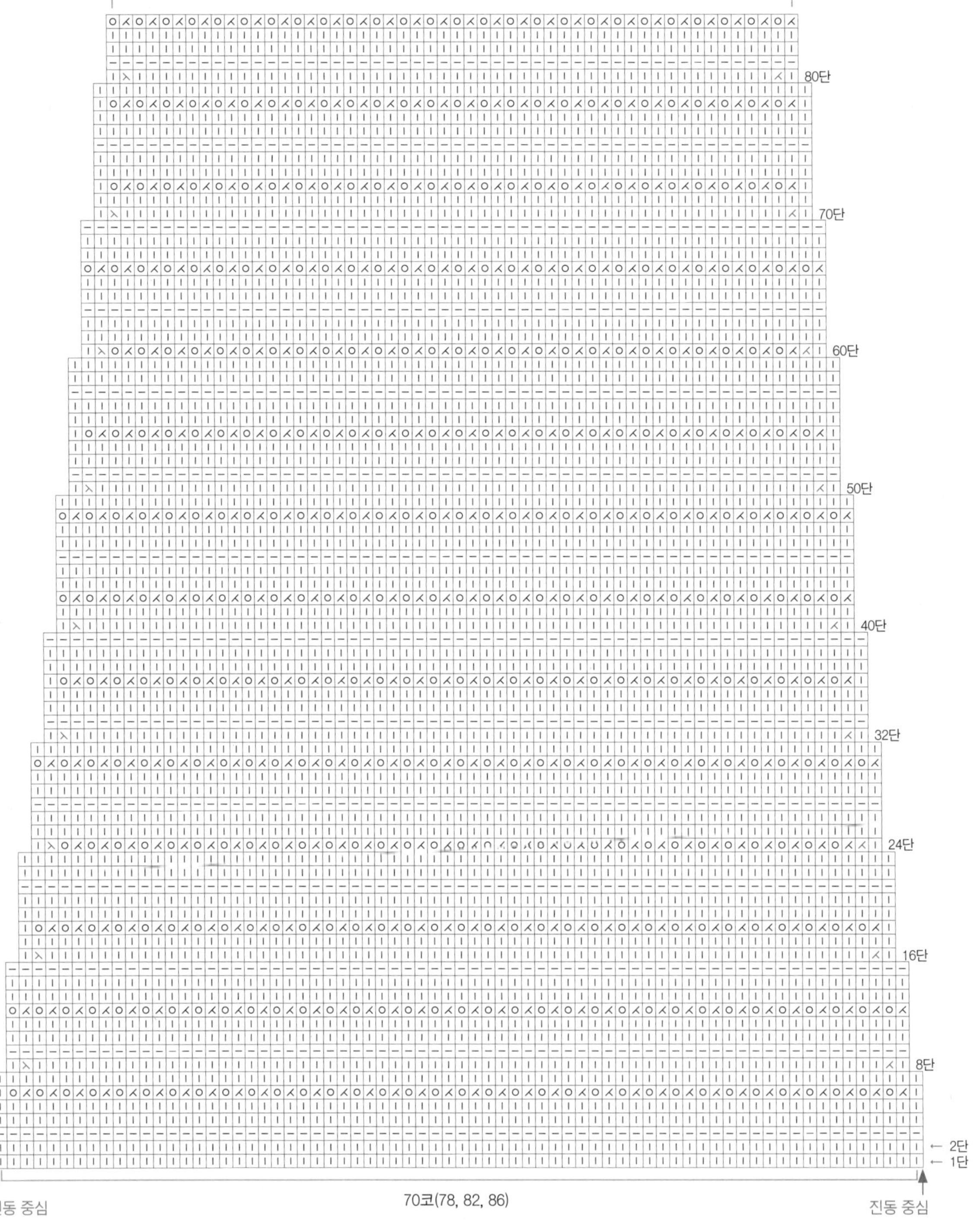
52코(60, 64, 68)
80단
70단
60단
50단
40단
32단
24단
16단
8단
← 2단
← 1단
진동 중심
70코(78, 82, 86)
진동 중심

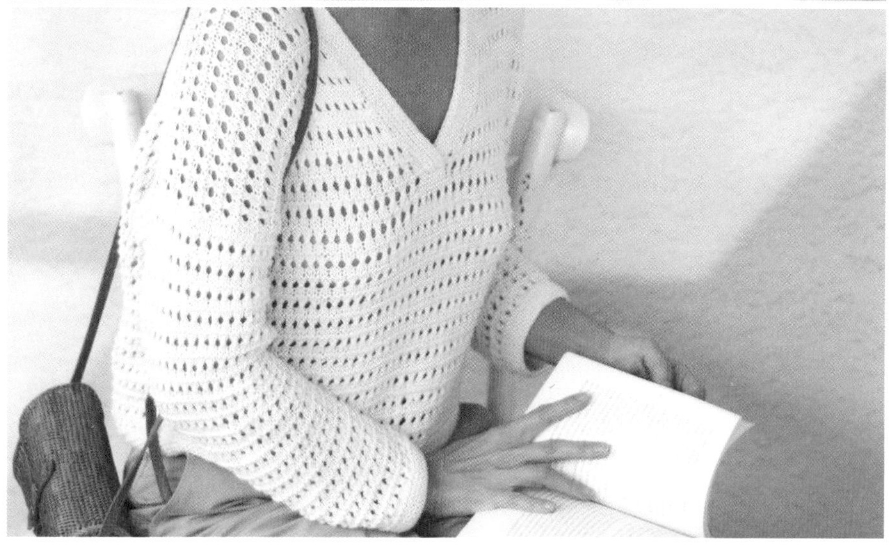

헤이즈 카디건

Haze Cardigan

작품 소개

겨울이 끝나고 봄이 찾아오면 차가웠던 바람도 어느새 부드러워집니다. 쌀쌀한 기온이 가고 이른 봄이 다가올 때의 풍경은 참 아름답죠. 헤이즈 카디건은 그런 이른 봄의 풍경을 담아 디자인되었습니다. 한 겹의 안개가 스미듯 부드러운 실루엣과 포근하게 감싸는 조직감 그리고 가벼운 착용감까지. 따뜻한 아지랑이가 피어오르는 듯한 느낌을 주는 카디건입니다. 차가운 바람이 머무는 계절의 끝과 따뜻한 봄이 시작되는 순간, 헤이즈 카디건이 여러분의 일상 속 부드러운 온기가 되기를 바랍니다.

기본 정보

실	Lanivendole A Pure Simple Wool(1타래 100g 300m, Aquilana Wool 100%)
바늘	3.5mm 대바늘 2개, 4.0mm 40cm, 80cm 대바늘 각각 1개씩, 4.5mm 40cm, 80cm 대바늘 각각 1개씩
부자재	돗바늘, 지름 1.7~2.0cm 단추 7개
게이지1	4.0mm 1코 고무뜨기 2.2코 3.6단
게이지2	4.5mm 무늬뜨기 1.8코 3.3단

사이즈

사이즈	85	95	105	115
전체 품(cm)	110	120	132	144
소매 둘레	42	44	48	50
손목 둘레	30	32	36	38
뒷목 너비	12	14	15	16
실 소요량	4타래	5타래	5타래	6타래

주의 사항

- 손이 촘촘한 편이라면 뒤판 어깨 처짐의 코늘림을 M1R, M1L 대신 바늘비우기를 하고, 다음 단에서 꼬아뜨기(R, L 방향만 맞춰서) 하는 방식을 추천합니다.
- 고무뜨기를 돗바늘로 마감할 때 실제 너비보다 오그라드는 경우가 있습니다. 너비가 오그라들었다면 세탁 후 오그라든 부분을 원래 치수에 맞게 잘 펼쳐 모양을 잡아 건조합니다. 필요에 따라 핀으로 고정해도 좋습니다.

도식

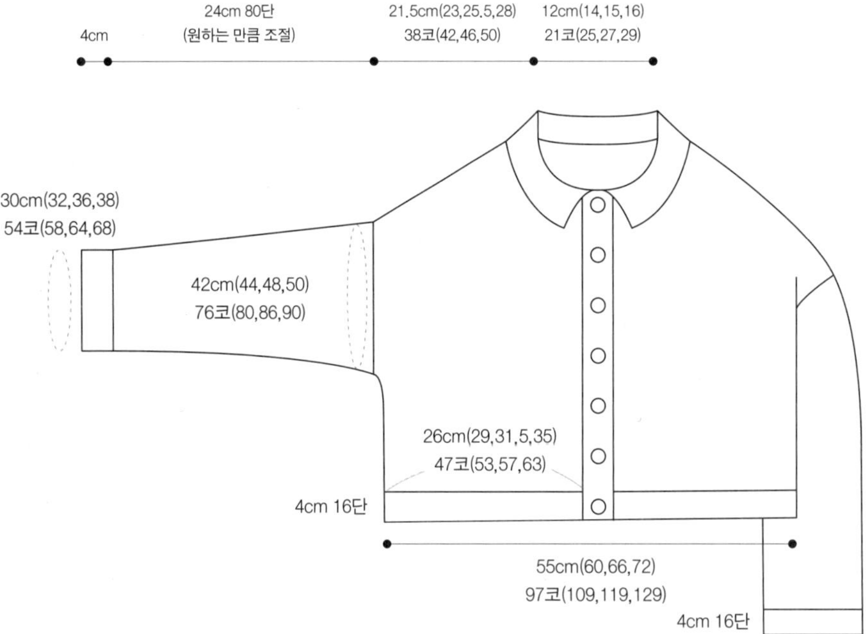

뒤판

1 4.5mm 바늘로 21코(25, 27, 29)를 만듭니다. 모든 코를 안뜨기로 뜹니다.

다음 단부터 2단이 됩니다.

2 2단째부터 차트를 참고하여 좌우 3코 안쪽에서 38코(42, 46, 50)를 늘립니다.

전체 코수는 97코(109, 119, 129)가 됩니다.

3 40단(44, 48, 52)까지 뜨고 양쪽 끝에 마커로 위치를 표시합니다.

4 계속해서 무늬대로 83단(91, 99, 105)까지 뜨고 실을 약간 남기고 자릅니다. 코들을 다른 바늘이나 실에 옮겨둡니다.

오른쪽 앞판

1 4.5mm 바늘로 뒤판 오른쪽 어깨 끝(마커로 표시한 지점)에서 시작하여 1코 안쪽에서 39코(43, 47, 51)를 줍습니다.

2 차트를 참고하여 36단(38, 38, 42)째부터 네크라인 늘림을 시작합니다.

3 코늘림이 모두 끝나면 전체 코수는 47코(53, 57, 63)가 됩니다.

4 무늬대로 91단(99, 107, 113)까지 뜨고 실을 약간 남기고 자릅니다.

왼쪽 앞판

1 4.5mm 바늘로 뒤판 네크라인에서 시작하여 왼쪽 어깨 끝(마커로 표시한 지점)까지 1코 안쪽에서 39코(43, 47, 51)를 줍습니다.

2 오른쪽 앞판과 대칭이 되도록 뜨고 92단(100, 108, 114)째 무늬대로 끝까지 뜬 후 뒤판 코를 연결하여 뒤판의 84단(92, 100, 106)을 뜹니다.

3 뒤판 코를 모두 뜨면 오른쪽 앞판을 연결하여 앞판 92단(100, 108, 114)을 뜹니다.

전체 코수는 191코(215, 233, 255)가 됩니다.

4 이제부터 좌우 앞판과 뒤판을 한꺼번에 뜹니다. 원하는 몸판 길이가 될 때까지 뜨되 무늬차트 3단에서 끝내도록 합니다.

뒤판보다 앞판의 단수가 더 많습니다. 입었을 때 앞판이 어깨 위에 걸쳐지는 부분을 계산해 넣었습니다.

밑단

1 4.0mm 바늘로 바꿔 모두 겉뜨기로 뜨면서 4코마다 1코의 비율로 코를 늘려 전체 코수가 239코(267, 291, 319)가 되도록 합니다.

1단: 안뜨기 1코, [안뜨기 1코, 겉뜨기 1코]를 2코 남을 때까지 반복, 남은 2코를 안뜨기

2단: 겉뜨기 1코, [겉뜨기 1코, 안뜨기 1코]를 2코 남을 때까지 반복, 남은 2코를 겉뜨기

1, 2단을 15단까지 반복하고 16단째 돗바늘로 1코 고무뜨기 마무리를 합니다.

소매

1 4.0mm 바늘로 진동 중심에서 시작해 다음과 같이 코를 줍습니다.

85사이즈: [1단마다 1코씩 3번, 2단마다 1코씩 12번 코줍기]를 5번 반복, 남은 한 단에서 1코 줍기 - 전체 코수 76코

95사이즈: [1단마다 1코씩 3번, 2단마다 1코씩 17번 코줍기]를 4번 반복 - 전체 코수 80코

105사이즈: [1단마다 1코씩 1번, 2단마다 1코씩 6번 코줍기]를 12번 반복, 2단마다 1코씩 2번 코줍기 - 전체 코수 86코

115사이즈: [1단마다 1코씩 3번, 2단마다 1코씩 19번 코줍기]를 4번 반복, 2단마다 1코씩 2번 코줍기 - 전체 코수 90코

2 원통으로 연결하여 시작코를 마커로 표시하고 모두 겉뜨기로 뜹니다.

3 다음 단에서 시접코의 바깥쪽 실을 끌어올려 바늘에 걸린 코와 겹쳐 겉뜨기로 뜹니다.

모든 코를 같은 방법으로 뜹니다.

4 이후부터는 다음의 지시를 따르되 소매 차트의 3단부터 시작합니다.

5 4.5mm 바늘로 바꾼 후 소매 차트를 참조해 원통뜨기로 첫 번째 코를 중심으로 좌우에서 정해진 단마다 코줄임을 합니다.

6 80단까지 뜨면 전체 코수는 54코(58, 64, 68)가 됩니다.

7 원하는 길이가 될 때까지 뜨되 마지막 단은 무늬차트의 3단이 되도록 합니다.

8 4.0mm 바늘로 바꿔 모두 겉뜨기로 뜨면서 4코마다 1코의 비율로 코를 늘려 66코(72, 80, 84)가 되도록 합니다.

9 다음 단부터 1코 고무뜨기로 15단을 뜨고 16단째에 돗바늘을 이용하여 코막음을 합니다.

오른쪽 앞단

1 4.0mm 바늘로 몸판 밑단 끝에서 시작하여 4단마다 3코의 비율로 코를 줍되 전체 코수가 홀수가 되도록 합니다.

2 코를 모두 주우면 다음과 같이 1코 고무뜨기를 뜨면서 4단(4, 6, 6)째 단춧구멍을 만듭니다.

1단: 안뜨기 1코, [안뜨기 1코, 겉뜨기 1코]를 2코 남을 때까지 반복, 남은 2코를 안뜨기

2단: 겉뜨기 1코, [겉뜨기 1코, 안뜨기 1코]를 2코 남을 때까지 반복, 남은 2코를 겉뜨기

단춧구멍

1 먼저 단춧구멍을 만들 위치를 적당한 간격으로 안뜨기 코를 정해 표시합니다.

2 4단에서 무늬대로 뜨면서 표시한 코의 한 코 전까지 뜨고, 다음 코를 뜨지 않고 옮긴 후 표시한 코를 겉뜨기, 옮긴 코로 덮어씌우기 합니다.

3 바늘비우기를 하고 다음 코들을 무늬대로 뜹니다.

4 계속해서 정해둔 위치에서 단춧구멍을 만듭니다.

5 5단(5, 7, 7)을 무늬대로 뜹니다.

6 다음 단부터 아래와 같이 뜹니다.

짝수 단(편물 겉면): 첫 코를 뜨지 않고 옮기기, [겉뜨기 1코, 안뜨기 1코]를 2코 남을 때까지 반복, 겉뜨기 2코

홀수 단(편물 안면): 첫 코를 뜨지 않고 옮기기, [안뜨기 1코, 겉뜨기 1코]를 2코 남을 때까지 반복, 안뜨기 2코

7 전체 단수가 11단(11, 15, 15)이 될 때까지 뜨고 다음 단에서 돗바늘을 이용하여 코막음을 합니다.

왼쪽 앞단

1 네크라인에서 시작하여 오른쪽 앞단과 같은 코수로 코를 줍습니다.

2 오른쪽 앞단과 같은 방법(단춧구멍은 만들지 않습니다)으로 1코 고무뜨기로 11단(11, 15, 15)을 뜨고 다음 단에서 돗바늘을 이용하여 코막음을 합니다.

카라1

1 3.5mm 바늘 2개로 오른쪽 앞단의 중앙에서 양쪽 코줍기를 시작합니다.

겹단 과정입니다.

2 오른쪽 앞단의 1/2 지점에서 3코(3, 4, 4)를 줍고 네크라인 코늘림 부분에서 12코(14, 14, 18), 나머지 옆선에서 26코(28, 28, 30)를 줍습니다.

3 뒷목에서 25코(29, 31, 33)를 줍고 반대편 네크라인도 오른쪽과 똑같은 코수로 코를 줍습니다.

전체 코수는 107코(119, 123, 137)가 됩니다.

편물 안면에 걸린 바늘은 '바늘1', 편물 겉면에 걸린 바늘은 '바늘2'입니다.

4 왼쪽 앞단 중심까지 코를 주우면 실을 그대로 연결하여 바늘1에 걸린 코를 모두 겉뜨기로 뜹니다.

이때 바늘1에 걸린 코를 뜰 때는 바늘1을 사용하고, 바늘2에 걸린 코를 뜰 때는 바늘2를 사용합니다.

5 바늘1에 걸린 코를 모두 뜬 후 계속해서 바늘2에 걸린 코를 모두 겉뜨기로 뜹니다.

한번 더 반복합니다. 바늘1과 2에 모두 겉뜨기 2단을 뜬 상태가 됩니다.

6 다음 단에서 2개의 바늘에 걸린 코를 겹쳐 모두 겉뜨기로 뜹니다.

다음 단부터 경사뜨기 1단이 됩니다.

경사뜨기

1단(편물 안면): 첫 코 걸러뜨기, [안뜨기 1코, 겉뜨기 1코]를 반복하며 41코(45, 46, 52)를 뜹니다. 마커1로 위치를 표시합니다.

1 다음 25코(29, 31, 33)를 무늬대로 뜨고 마커2로 위치를 표시합니다.

2 9코(10, 10, 12)를 더 뜬 후 다음 코는 뜨지 않고 편물을 돌립니다.

2단(편물 겉면): 첫 코 걸러뜨기, 1코 고무뜨기 무늬대로 마커1까지 뜹니다.

3 9코(10, 10, 12)를 더 뜨고 편물을 돌립니다.

3단: 1단에서 편물을 돌린 지점까지 무늬대로 뜨고 9코(10, 10, 12)를 더 뜹니다.

4단: 2단에서 편물을 돌린 지점까지 무늬대로 뜨고 9코(10, 10, 12)를 더 뜹니다.

4 계속해서 2에서 편물을 돌린 지점까지 뜨고 9코(10, 10, 12)를 더 뜨는 것을 7단까지 해줍니다.

8단: 마커1과 2 사이 겉뜨기 코 3군데를 표시합니다.

5 무늬대로 마커2까지 뜬 후 표시된 겉뜨기 코 전에서 M1L로 겉뜨기, 표시된 코는 안뜨기로 뜨고 M1R로 겉뜨기 코를 뜹니다.

6 계속해서 무늬대로 뜨고 나머지 2군데도 같은 방법으로 코늘림을 합니다.

7 남은 코를 모두 1코 고무뜨기로 뜹니다. 마지막 2코는 겉뜨기로 뜹니다.

경사뜨기가 끝났습니다. 다음 단이 카라의 1단이 됩니다.

카라2

1단: 첫 코 걸러뜨기, [안뜨기 1코, 겉뜨기 1코]를 2코 남을 때까지 반복, 안뜨기 2코

2단: 첫 코 걸러뜨기, [겉뜨기 1코, 안뜨기 1코]를 2코 남을 때까지 반복, 겉뜨기 2코

1 4단까지 뜨고 4.0mm 바늘로 바꿔 계속해서 12단까지 떠줍니다.

2 4.5mm 바늘로 바꿔 25단까지 뜨고 26단째 돗바늘을 이용하여 코막음을 합니다.

마무리

완전히 건조된 후 단추를 달고 실을 정리한 후 마무리합니다.

무늬뜨기 차트

I	—	I	—	I	—	I	—	I	—	I	—	I	—	I	—	I	—	I	8단
I	—	I	—	I	—	I	—	I	—	I	—	I	—	I	—	I	—	I	
I	I	—	I	—	I	—	I	—	I	—	I	—	I	—	I	—	I	I	6단
I	—	I	—	I	—	I	—	I	—	I	—	I	—	I	—	I	—	I	
I	I	I	I	I	I	I	I	I	I	I	I	I	I	I	I	I	I	I	4단
—	—	—	—	—	—	—	—	—	—	—	—	—	—	—	—	—	—	—	
I	I	I	I	I	I	I	I	I	I	I	I	I	I	I	I	I	I	I	2단(편물 겉면)
I	I	I	I	I	I	I	I	I	I	I	I	I	I	I	I	I	I	I	1단(편물 안면)

단추 구멍 차트

V	I	—	I	—	I	—	I	—	I	—	I	—	I	—	I	—	I	—	I	—	I	—	I	—	I	—	I	—	I	—	I	—	I	—	I	I
I	I	—	I	—	I	—	I	—	I	—	I	—	I	—	I	—	I	—	I	—	I	—	I	—	I	—	I	—	I	—	I	—	I	—	I	V
V	I	—	I	—	I	—	I	—	I	—	I	—	I	—	I	—	I	—	I	—	I	—	I	—	I	—	I	—	I	—	I	—	I	—	I	I
I	I	—	I	—	I	—	I	—	I	—	I	—	I	—	I	—	I	—	I	—	I	—	I	—	I	—	I	—	I	—	I	—	I	—	I	V
V	I	—	I	—	I	—	I	—	I	—	I	—	I	—	I	—	I	—	I	—	I	—	I	—	I	—	I	—	I	—	I	—	I	—	I	I
I	I	—	I	—	I	—	I	—	I	—	I	—	I	—	I	—	I	—	I	—	I	—	I	—	I	—	I	—	I	—	I	—	I	—	I	V
I	I	—	I	—	I	—	I	—	I	—	I	—	I	—	I	—	I	—	I	—	I	—	I	—	I	—	I	—	I	—	I	—	I	—	I	I
I	I	—	I	O	λ	—	I	—	I	—	I	—	I	—	I	—	I	O	λ	—	I	—	I	—	I	—	I	—	I	—	I	O	λ	—	I	I
I	I	—	I	—	I	—	I	—	I	—	I	—	I	—	I	—	I	—	I	—	I	—	I	—	I	—	I	—	I	—	I	—	I	—	I	I
I	I	—	I	—	I	—	I	—	I	—	I	—	I	—	I	—	I	—	I	—	I	—	I	—	I	—	I	—	I	—	I	—	I	—	I	I
I	I	—	I	—	I	—	I	—	I	—	I	—	I	—	I	—	I	—	I	—	I	—	I	—	I	—	I	—	I	—	I	—	I	—	I	I

85사이즈 뒤판 차트

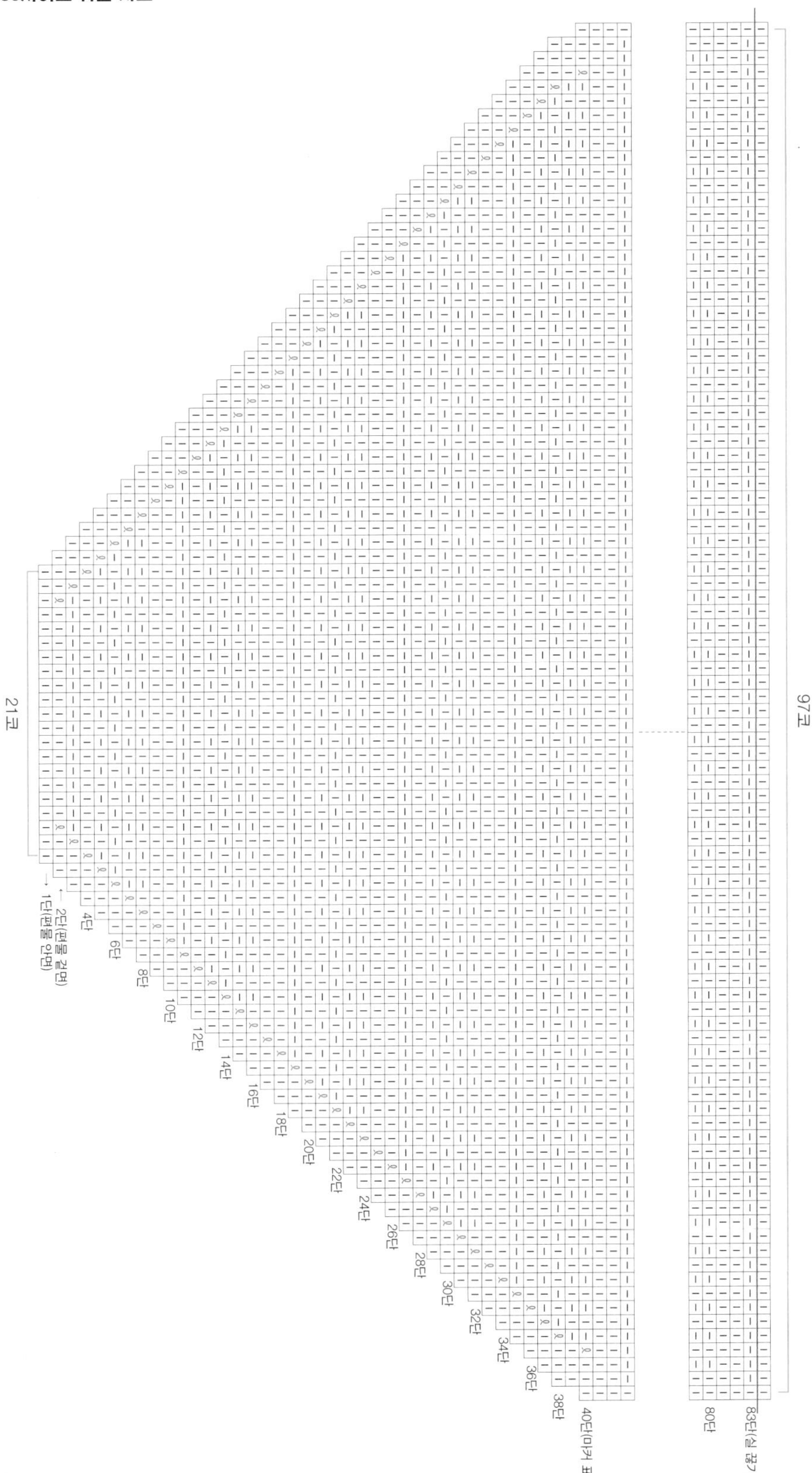
21코
97코
1단(편물 안면)
2단(편물 겉면)
4단
6단
8단
10단
12단
14단
16단
18단
20단
22단
24단
26단
28단
30단
32단
34단
36단
38단
40단(마커 표시)
80단
83단(실 끊기)

85사이즈 오른쪽 앞판 차트

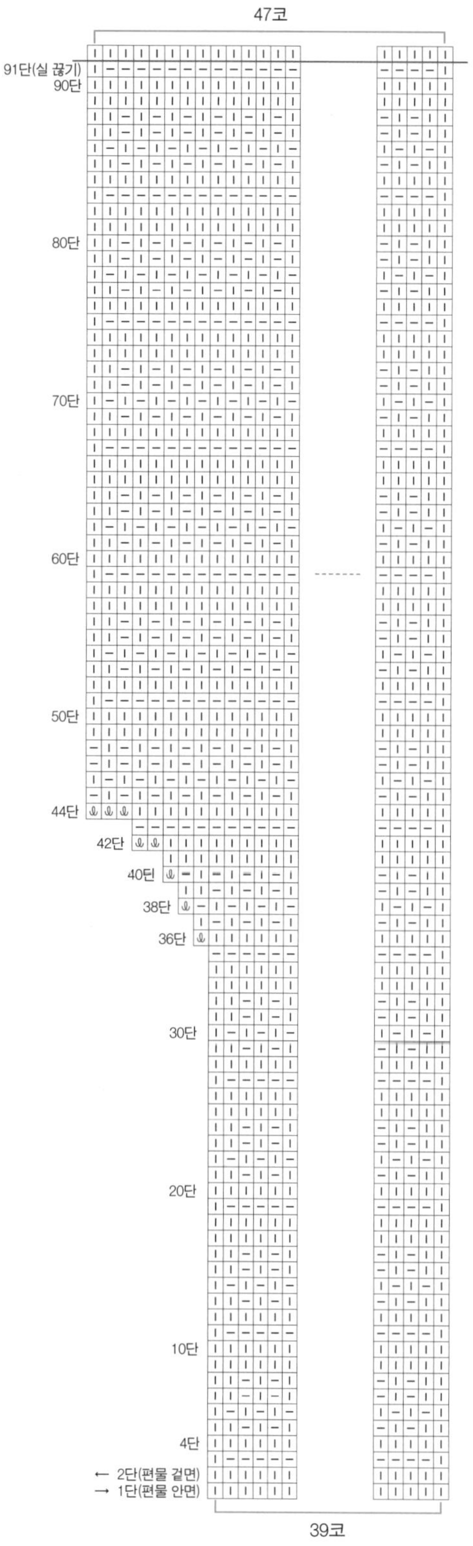

47코

91단(실 끊기)
90단
80단
70단
60단
50단
44단
42단
40단
38단
36단
30단
20단
10단
4단
← 2단(편물 겉면)
→ 1단(편물 안면)

39코

85사이즈 왼쪽 앞판 차트

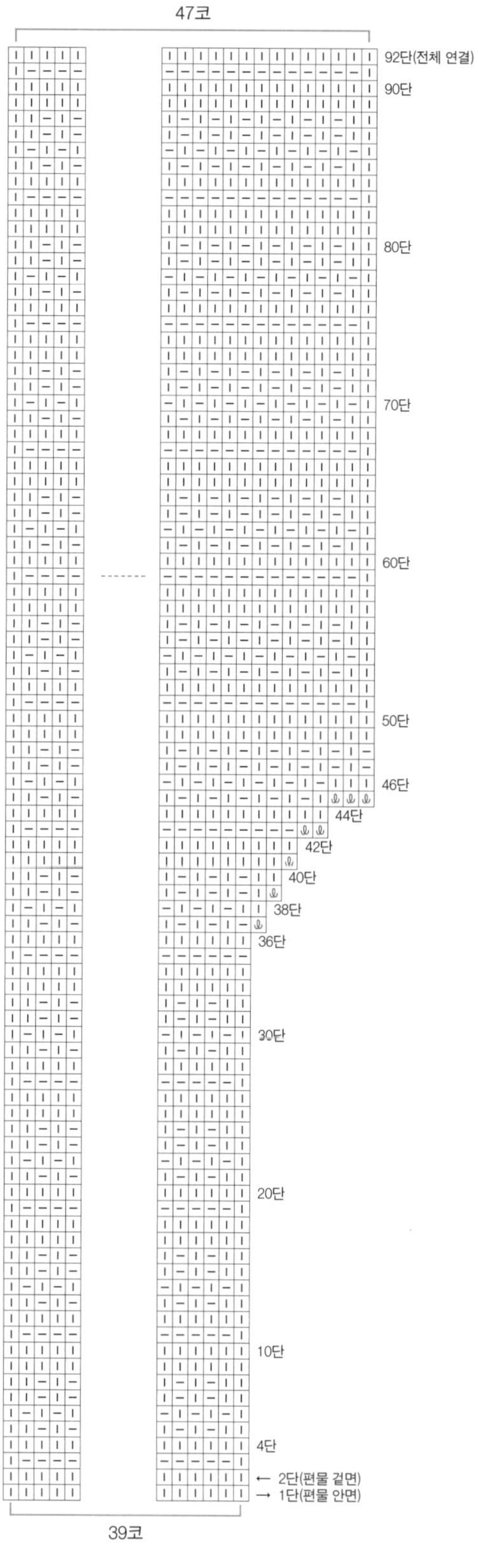

47코

92단(전체 연결)
90단
80단
70단
60단
50단
46단
44단
42단
40단
38단
36단
30단
20단
10단
4단
← 2단(편물 겉면)
→ 1단(편물 안면)

39코

95사이즈 뒤판 차트

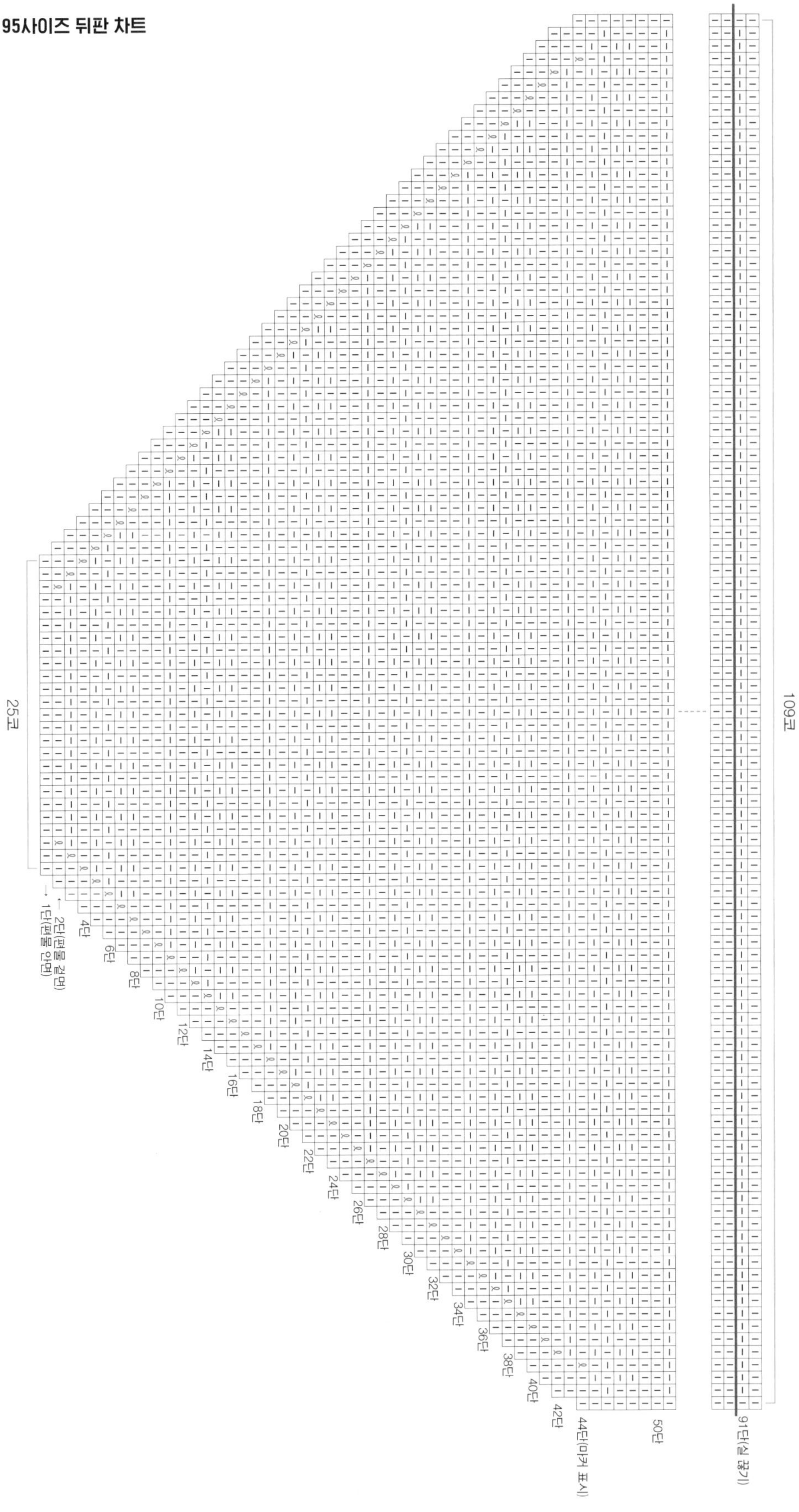

25코

109코

1단(편물 안면)

2단(편물 겉면)

4단

6단

8단

10단

12단

14단

16단

18단

20단

22단

24단

26단

28단

30단

32단

34단

36단

38단

40단

42단

44단(마커 표시)

50단

91단(실 끊기)

95사이즈 오른쪽 앞판 차트

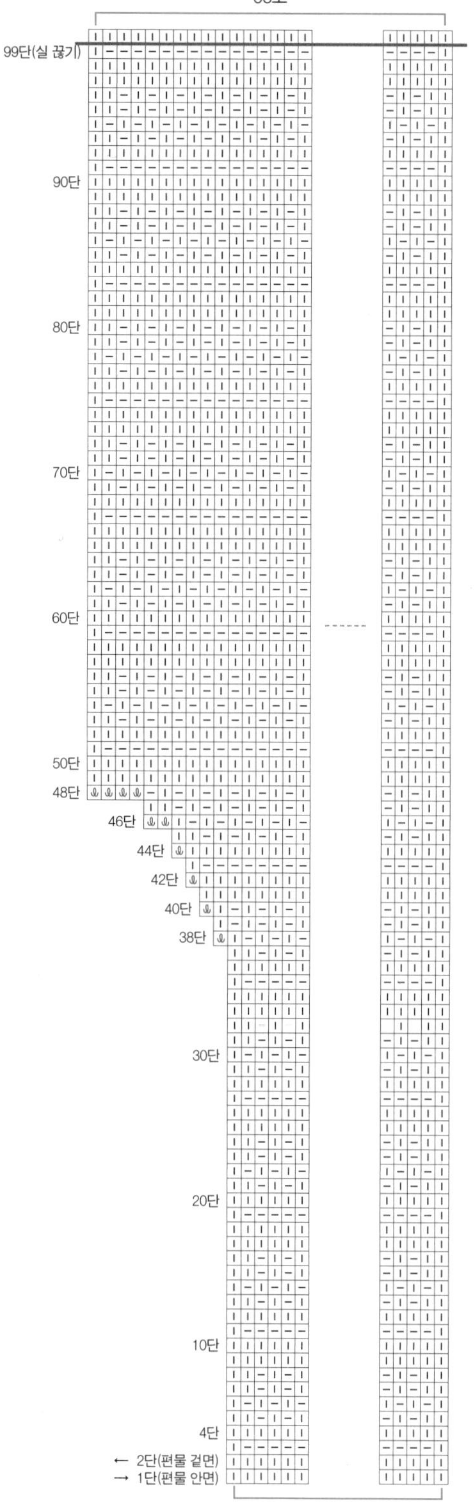

95사이즈 왼쪽 앞판 차트

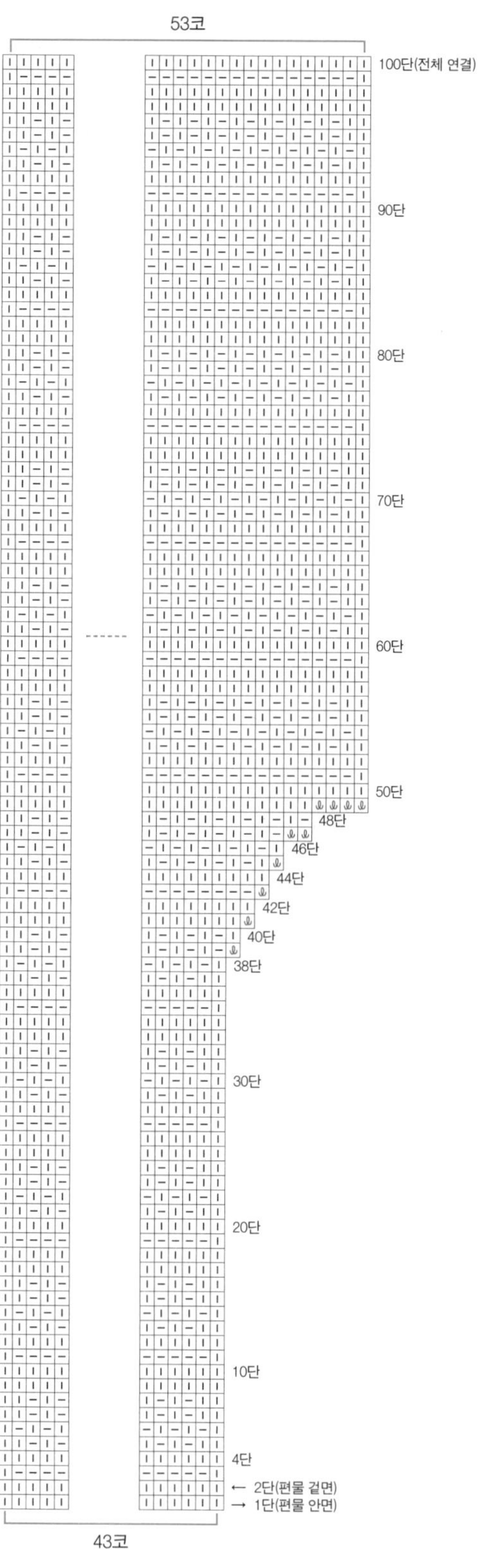

105사이즈 뒤판 차트

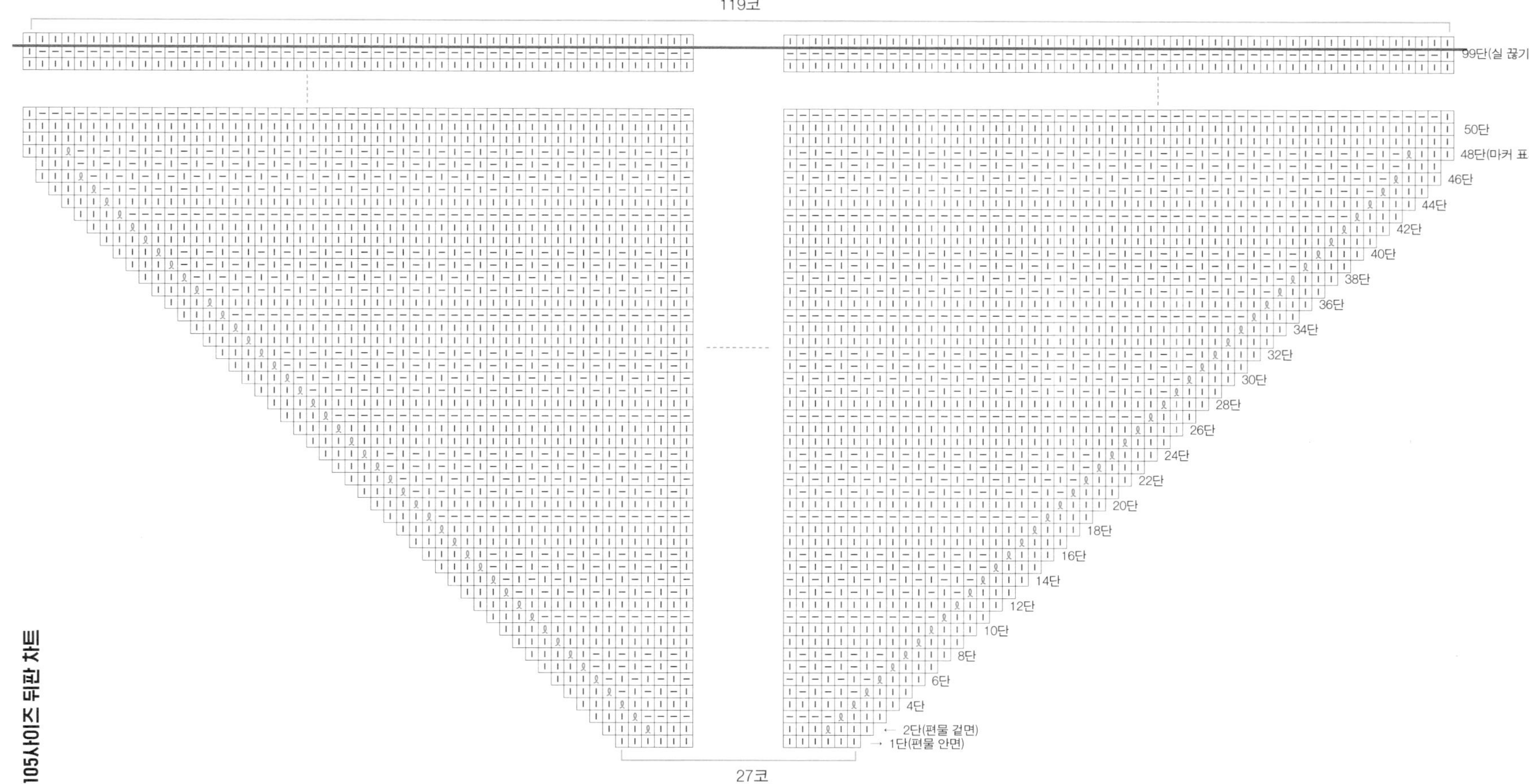
119코
99단(실 끊기)
50단
48단(마커 표시)
46단
44단
42단
40단
38단
36단
34단
32단
30단
28단
26단
24단
22단
20단
18단
16단
14단
12단
10단
8단
6단
4단
← 2단(편물 겉면)
→ 1단(편물 안면)
27코

105사이즈 오른쪽 앞판 차트

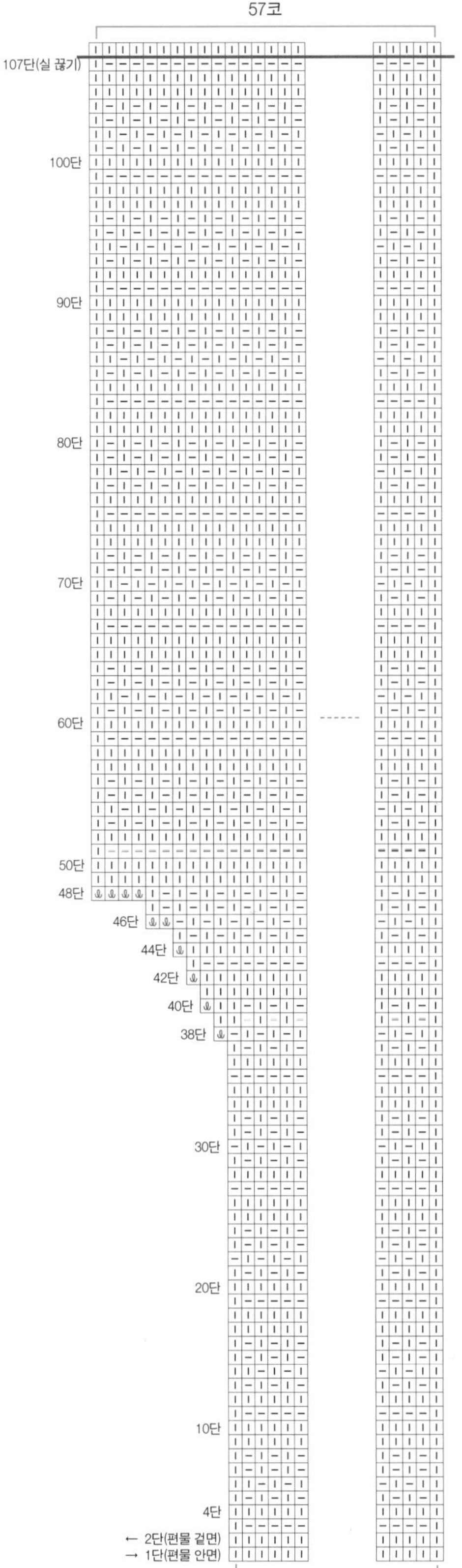

105사이즈 왼쪽 앞판 차트

57코
108단(전체 연결)
100단
90단
80단
70단
60단
50단
48단
46단
44단
42단
40단
38단
30단
20단
10단
4단
← 2단(편물 겉면)
→ 1단(편물 안면)
47코

115사이즈 뒤판 차트

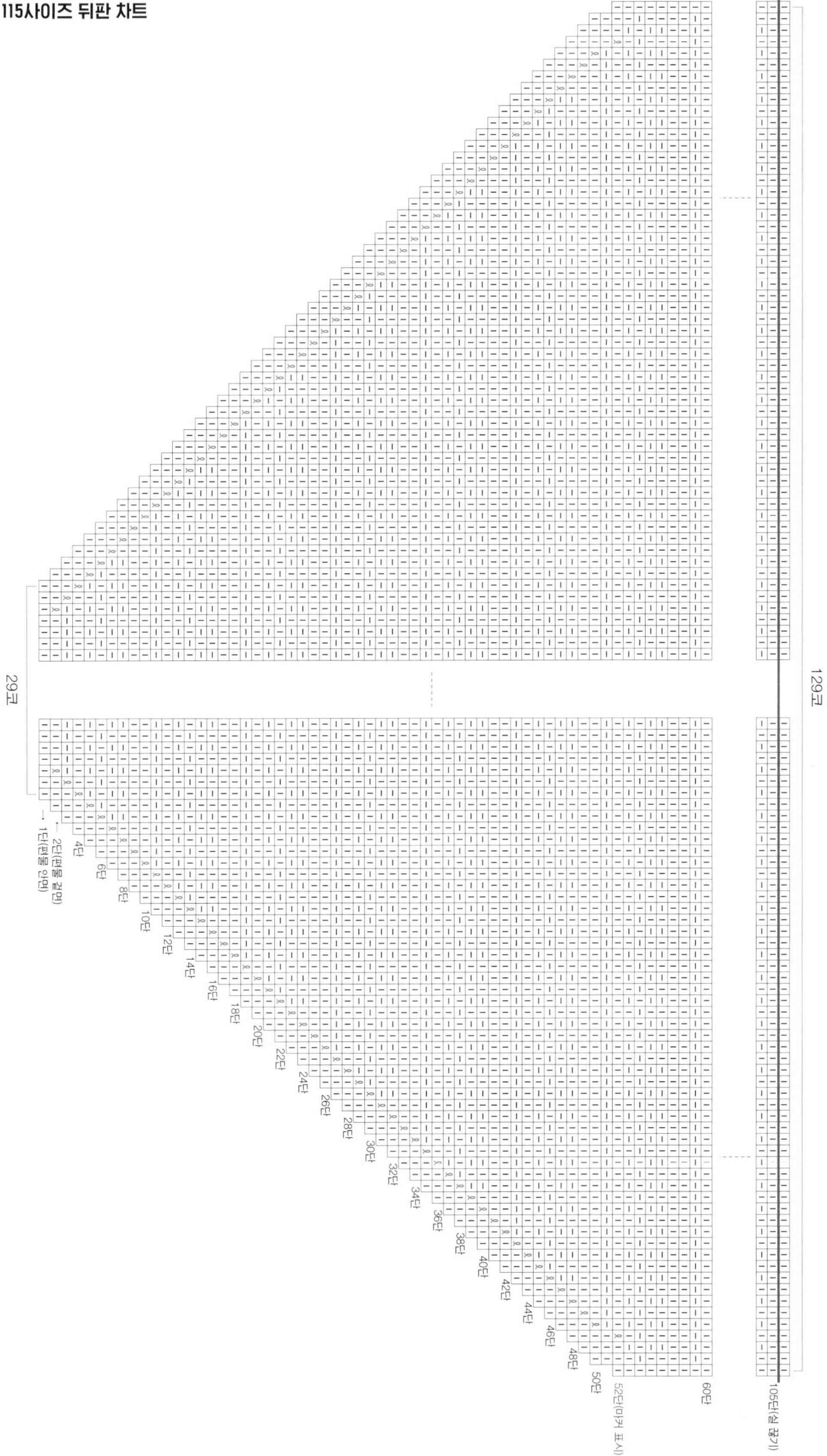
29코
129코
← 2단(패턴 겉면)
→ 1단(패턴 안면)
4단
6단
8단
10단
12단
14단
16단
18단
20단
22단
24단
26단
28단
30단
32단
34단
36단
38단
40단
42단
44단
46단
48단
50단
52단(마커 표시)
60단
105단(실 끊기)

115사이즈 오른쪽 앞판 차트

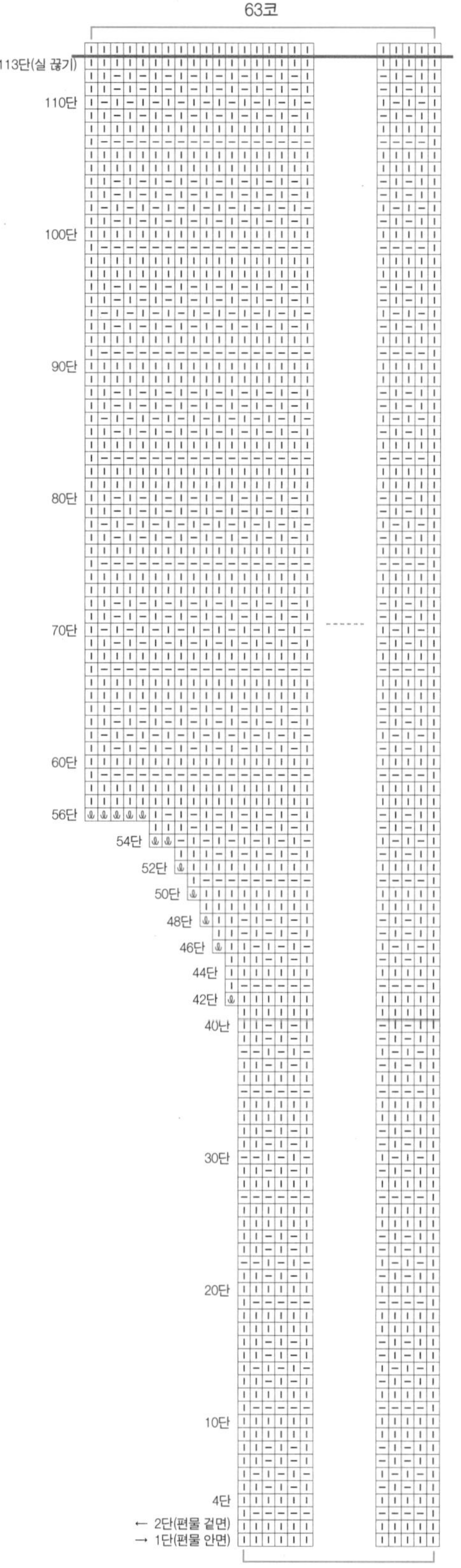

115사이즈 왼쪽 앞판 차트

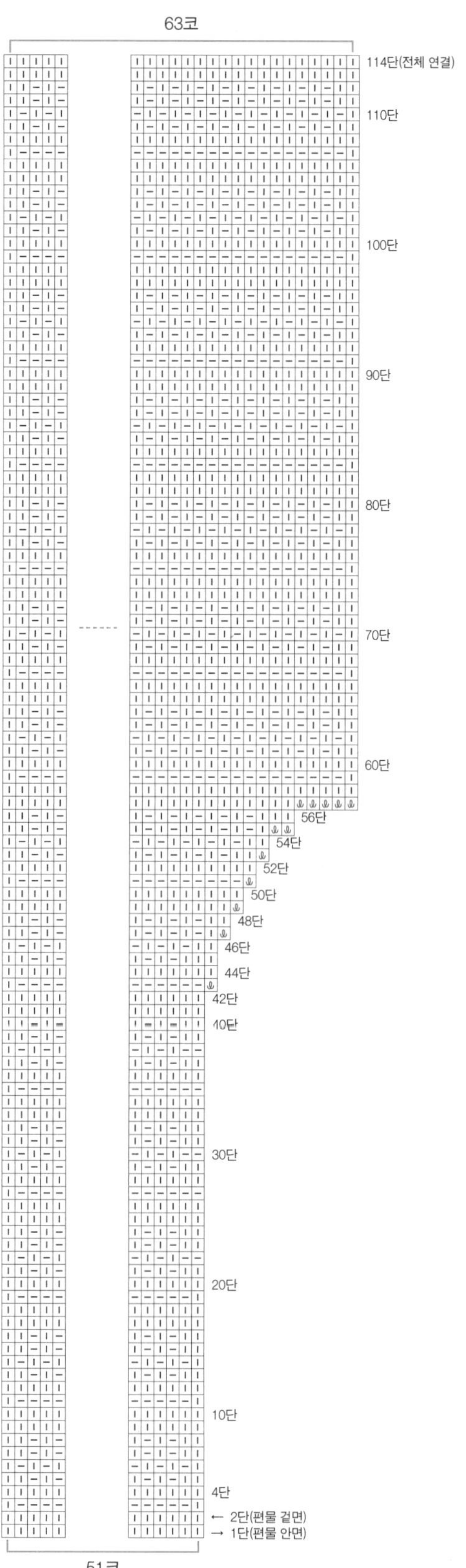

소매 차트(공통)

54코(58, 64, 68)

80단
70단
60단
50단
40단
32단
24단
16단
8단
← 2단
← 1단

76코(80, 86, 90)

중심코

샌디 웨이브 톱

Sandy Wave Top

작품 소개

파도가 치는 부드러운 모래사장을 떠올리며 바다의 리듬을 표현해보았어요. 네이비와 아이보리의 조합은 바람이 스치는 해변의 자유로움을 떠오르게 합니다. 바다는 멀리 있지만 그리운 마음을 실로 엮어가다 보면 어느새 내 안에 작은 파도가 일렁이는 듯한 기분이 들어요. 여러분도 떠나지 않아도 닿을 수 있는 바다를 손끝에서 만들어 보길 바랍니다.

기본 정보

실	보리(1볼 50g 125m, 면 100%) 아이보리, 네이비
바늘	3.0mm, 3.5mm 대바늘, 모사용 3/0~4/0호 코바늘
부자재	돗바늘
게이지1	몸판 무늬 3.5mm 2.2코 3.0단
게이지2	가터뜨기 3.0mm 2.4코

사이즈

사이즈	80	90	100	110
몸판(cm)	46	51	56	61
목너비	26	29	29.5	29
어깨너비	15	16	18	21
뒤 네크라인	18.5	20	21	21
앞 네크라인	5.5	5.5	5.5	5.5
소매 너비	14	15	16	17
총장	41.5	44	44.5	44.5
바탕실 소요량	2볼	3볼	3볼	4볼
배색실 소요량	2볼	3볼	3볼	3볼

주의 사항

- 앞판, 뒤판을 따로 뜨는 보텀업 방식입니다.
- 취향에 따라 앞뒤를 바꿔 입을 수 있어요.
- 실 소요량은 90사이즈를 기준으로 계산했습니다.

도식

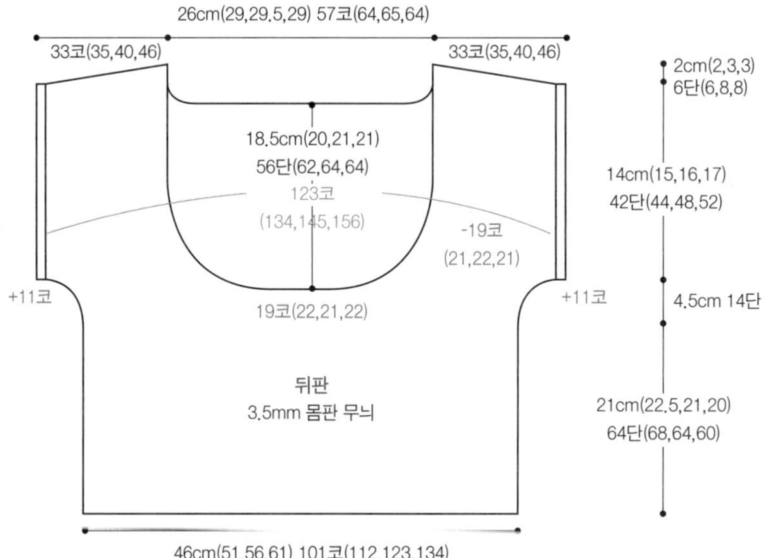

시험뜨기

- 첫 코를 뜨기 전에 편물 겉면에서 바탕실과 배색실을 일정한 방향으로 교차해주세요.

1 배색실, 3.5mm 바늘로 [11의 배수 + 2코]를 만듭니다.

2 아래와 같이 1~3단을 떠줍니다.

1단(편물 안면): 안뜨기 1코를 뜬 후 1코 남을 때까지 겉뜨기

2단(편물 겉면): 모든 코를 겉뜨기

3단: 1단과 똑같이 뜹니다.

3 4~9단은 바탕실로 뜹니다.

4단: 겉뜨기 1코, [왼코겹치기 2번, (바늘비우기, 겉뜨기 1코)를 3번 반복, 바늘비우기, 오른코겹치기 2번], [ ]의 11코를 1코 남을 때까지 반복, 겉뜨기 1코

5, 7, 9단: 모두 안뜨기

6, 8단: 4단과 같은 방법으로 뜹니다.

4 10~13단은 배색실로 뜹니다.

10, 12단: 모두 겉뜨기

11, 13단: 1단과 똑같이 뜹니다.

5 4~13단을 반복합니다.

219쪽의 시험뜨기 차트를 참조하세요.

뒤판

1 뒤판 너비의 3.5~4배 정도 남긴 상태에서 3.5mm 바늘로 배색실을 사용해 101코(112, 123, 134)를 만듭니다.

2 코를 만들고 남은 실은 잘 감아 묶어둡니다. 코를 만들고 뜨는 첫 단이 1단입니다.

3 시험뜨기의 설명과 차트를 참고하여 64단(68, 64, 60)까지 뜹니다.

4 다음 단부터 양끝 옆선에서 손가락걸기코로 차트대로 코늘림을 합니다.

5 옆선 늘림을 하면서 70단까지 뜨면 중심의 19코(22, 21, 22)를 남기고 양쪽으로 나누어 옆선 늘림과 네크라인 줄임, 어깨처짐을 합니다. 차트를 참고하세요.

6 남은 어깨코는 다른 실이나 바늘에 옮겨둡니다.

앞판

1 뒤판과 같은 방식으로 뜨되 네크라인 줄임은 109단(119, 119, 119)까지 뜨고 110단(120, 120, 120)째 양쪽으로 나누어 뜹니다.

2 한쪽 어깨처짐이 끝나면 실을 끊지 않고, 뒤판 어깨코를 다른 바늘에 옮긴 뒤 양쪽 겉면이 마주보도록 겹칩니다.

3 앞판과 뒤판의 어깨코를 겹쳐 겉뜨기로 뜨면서 덮어씌웁니다.

4 반대편 어깨도 같은 방법으로 뜨고 뒤판 어깨코와 연결합니다.

옆선 연결

시작코를 만들 때 남겨둔 실을 돗바늘에 꿰어 옆선 늘림 전까지 시접 1코 안쪽에서 연결하고 코늘림을 한 부분은 메리야스 잇기 합니다.

넥밴드

1 배색실, 3.0mm 바늘로 한쪽 어깨점에서 시작해 코를 덮어씌운 부분에서는 1코마다 1코씩, 옆선에서는 5단마다 4코의 비율로 코를 줍습니다.

2 시작점으로 돌아오면 원통으로 연결하여 [안뜨기 1단, 겉뜨기 1단]을 2번 반복하고 안뜨기로 한 단을 더 뜬 후 덮어씌워 코막음 합니다.

소매단

1 배색실, 3.0mm 바늘로 옆선 중심에서 시작하여 5단마다 4코의 비율로 코를 주워 원통으로 연결합니다.

2 넥밴드와 같은 방법으로 뜨고 덮어씌워 코막음 합니다.

여밈끈

1 배색실, 모사용 3/0~4/0호 코바늘로 뒤판과 앞판이 만나는 어깨점(혹은 원하는 위치)에 실을 연결하여 원하는 길이만큼 사슬뜨기를 뜹니다.

2 긴뜨기로 한 단을 뜨고 시작점으로 돌아와 빼뜨기로 마무리합니다.

3 반대편도 같은 방법으로 끈을 만들어줍니다.

시험뜨기 차트

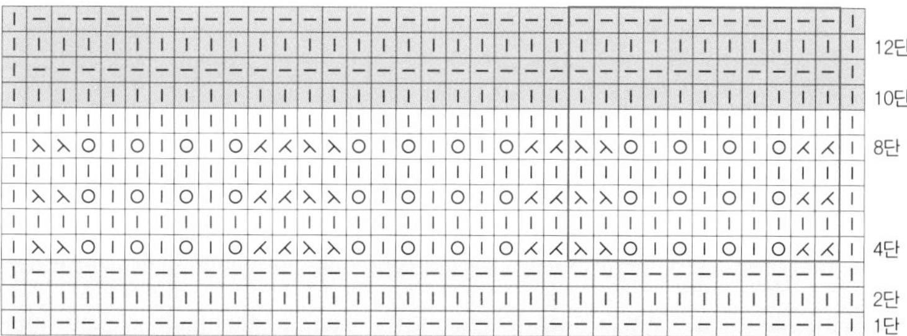

□ 바탕실
▨ 배색실

80사이즈
뒤판 차트

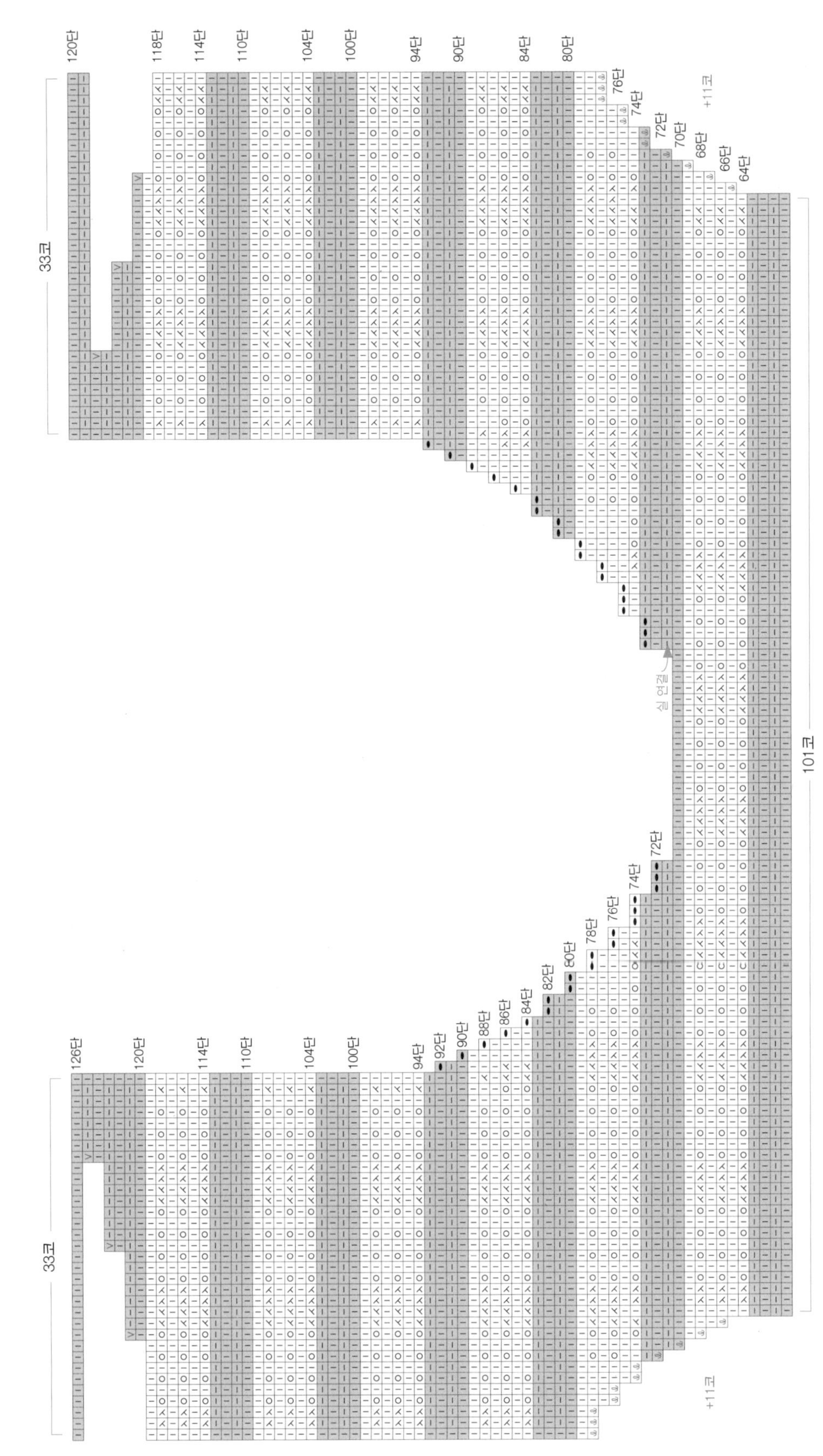

120단
118단
114단
110단
104단
100단
94단
90단
84단
80단
76단
74단
72단
70단
68단
66단
64단
+11코
33코
101코
실 연결
126단
120단
114단
110단
104단
100단
94단
92단
90단
88단
86단
84단
82단
80단
78단
76단
74단
72단
33코
+11코

90사이즈
뒤판 차트

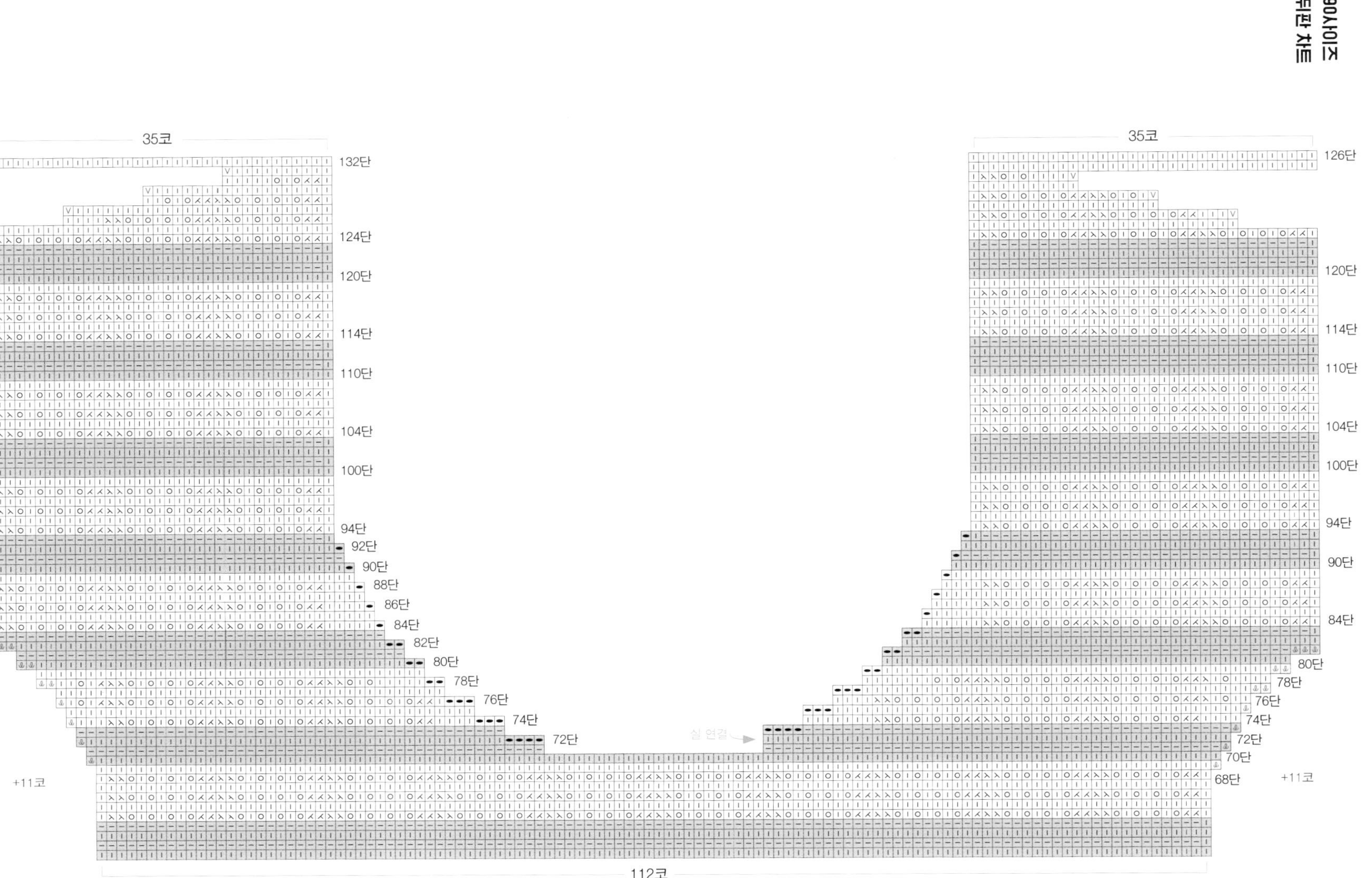
35코
132단
124단
120단
114단
110단
104단
100단
94단
92단
90단
88단
86단
84단
82단
80단
78단
76단
74단
72단
+11코
35코
126단
120단
114단
110단
104단
100단
94단
90단
84단
80단
78단
76단
74단
72단
70단
68단
+11코
실 연결
112코

100사이즈
뒤판 차트

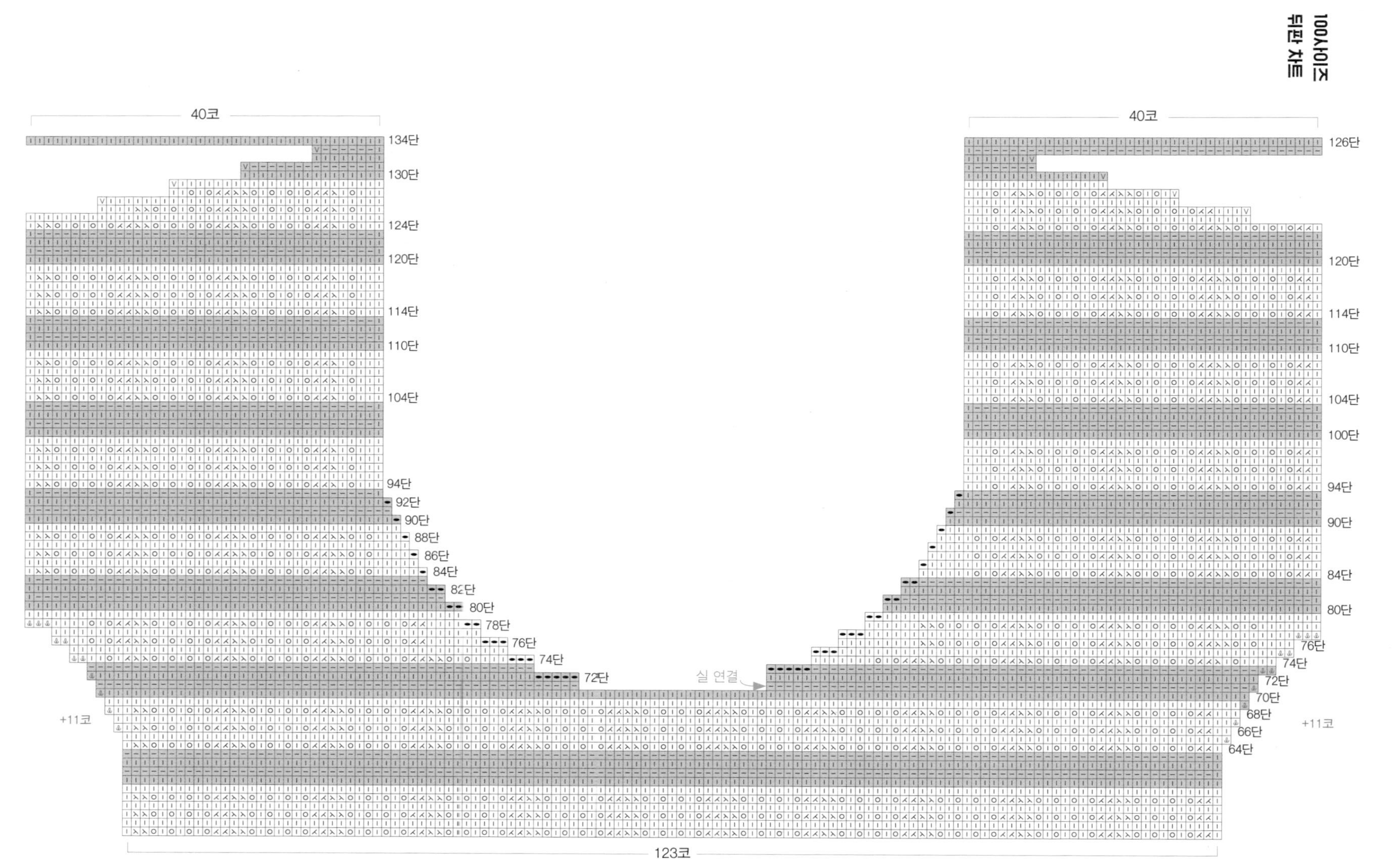
40코
134단
130단
124단
120단
114단
110단
104단
94단
92단
90단
88단
86단
84단
82단
80단
78단
76단
74단
72단
실 연결
+11코
40코
126단
120단
114단
110단
104단
100단
94단
90단
84단
80단
76단
74단
72단
70단
68단
66단
64단
+11코
123코

110사이즈
뒤판 차트

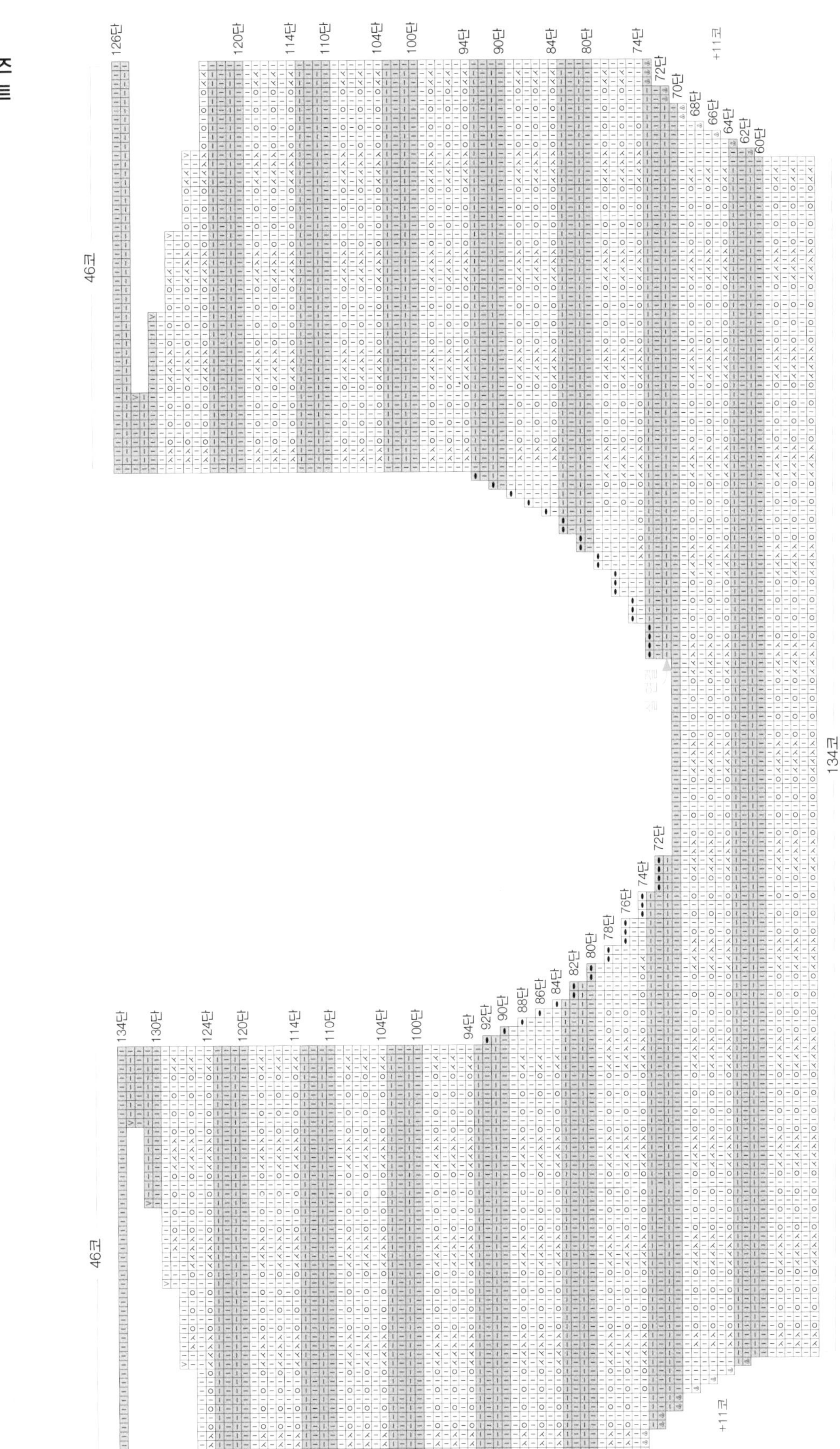

80사이즈 앞판 차트

90사이즈 앞판 차트

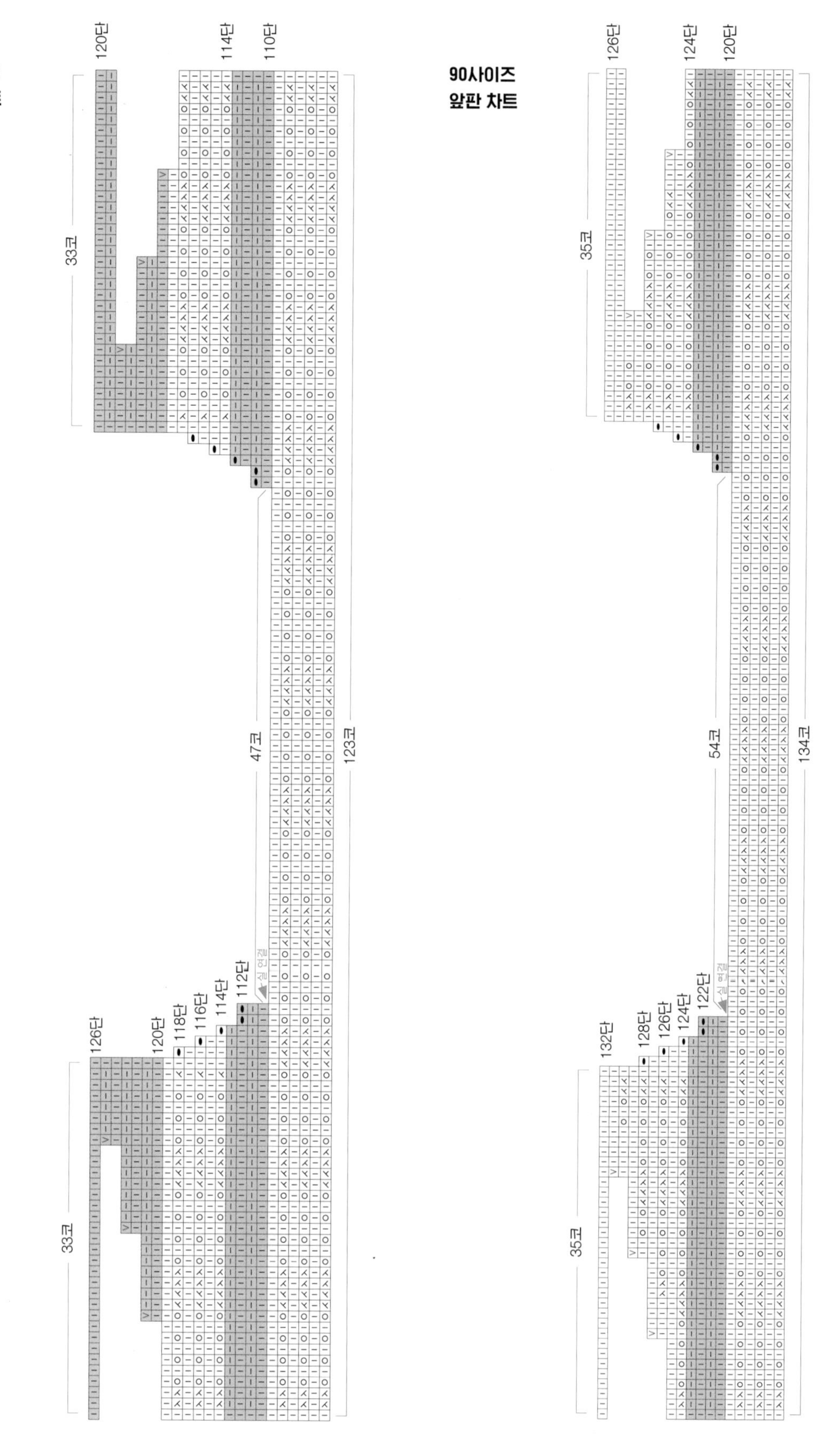

100사이즈 앞판 차트

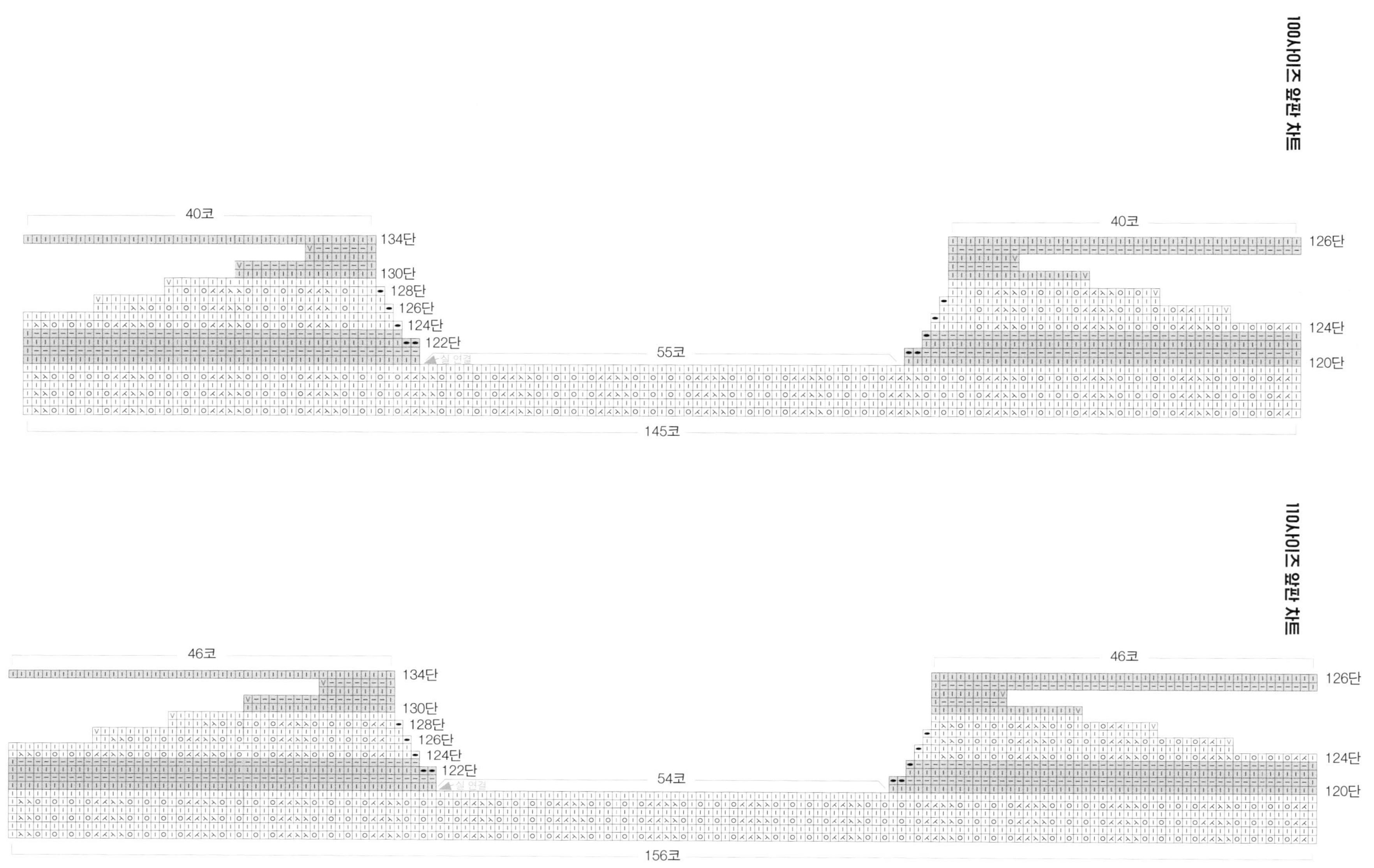

110사이즈 앞판 차트

라일락 베스트

Lilac Vest

작품 소개

산책길을 걷다 어디선가 라일락 향이 스치면 곧 여름이 온다는 소식처럼 느껴집니다. 소담하고 깨끗한 흰 라일락이 초록 잎사귀 위로 구름처럼 피어난 모습을 뜨개에 담고 싶었습니다. 여러 무늬를 조합해 오밀조밀한 꽃송이와 잎사귀들이 이루는 물결을 표현했습니다. 레이스 한 겹처럼 가볍지만 세심하게 쌓아 올린 무늬로 풍성한 느낌을 주었어요. 뜨개는 실로 기억을 엮어가는 과정이라고 생각합니다. 저에게 이 옷은 라일락이 피던 그날의 공기와 빛을 담은 장면과 같습니다. 여러분도 마음속의 순간을 실로 엮어보길 바랍니다.

기본 정보

실	보리(1볼 50g 125m, 면 100%)
바늘	3.0mm, 3.5mm 대바늘, 모사용 3/0~4/0호 코바늘
부자재	돗바늘, 지름 18~20mm 단추 1개
게이지1	웨이브 무늬 3.5mm 2.1코 2.94단
게이지2	knot 무늬 3.5mm 2.1코 2.6단
게이지3	웨이브 무늬 3.0mm 2.7코

사이즈

사이즈	80	90	100	110
총장(cm)	46	48	53	53
몸판	38	43	48	53
목너비	15	16	17	17
어깨너비	36	38	40	42
진동 길이	20	22	24	24
실 소요량	4볼	4볼	5볼	5볼

도식

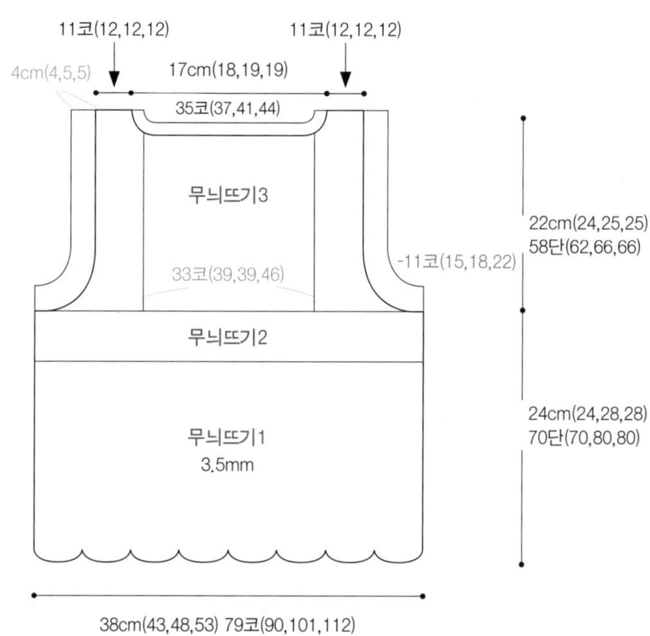

무늬뜨기1

1 [11의 배수 + 2코]로 시작 코수를 맞춥니다.

1단(편물 안면): 안뜨기 1코, 1코 남을 때까지 겉뜨기

2단(편물 겉면): 모든 코를 겉뜨기

3단: 1단과 같은 방법으로 뜨기

4단: 겉뜨기 1코, [왼코겹치기 2번, (바늘비우기, 겉뜨기 1코)를 3번 반복, 바늘비우기, 오른코겹치기 2번 반복], [ ]의 11코를 1코 남을 때까지 반복, 겉뜨기 1코

5, 7, 9단: 모두 안뜨기

6, 8단: 4단과 같은 방법으로 뜨기

10단: 모두 겉뜨기

2 1~10단을 반복합니다.

233쪽의 무늬뜨기1 차트를 참조합니다.

무늬뜨기2

1단(편물 안면): 모두 안뜨기

2단(편물 겉면): 왼코겹치기, 바늘비우기 1번, 오른코겹치기

3단: 2단의 오른코겹치기 했던 코를 안뜨기, 바늘비우기 했던 공간에 [안뜨기 1코, 겉뜨기 1코], 왼코겹치기 했던 코를 안뜨기

4단: 모두 겉뜨기

손이 촘촘하다면 바늘비우기를 2번 해 실의 길이를 여유 있게 만들어도 좋아요.

바늘비우기 했던 코에 안뜨기 1코, 겉뜨기 1코를 떠도 되고 겉뜨기 1코, 안뜨기 1코를 떠도 괜찮습니다. 바늘비우기 한 자리에서 2코만 뜨면 됩니다.

233쪽의 무늬뜨기2 차트를 참조합니다.

무늬뜨기3

왼쪽 바늘에 걸린 세 번째 코를 오른쪽 바늘로 들어 올려 1, 2번 코를 덮어씌웁니다. 1번 코를 겉뜨기, 바늘비우기, 2번 코를 겉뜨기 합니다.

233쪽의 무늬뜨기3 차트를 참조합니다.

앞판

1 실을 50~60cm 정도 남긴 후 3.5mm 바늘로 느슨하게 79코(90, 101, 112)를 만듭니다. 남겨둔 실은 잘 감아 묶어둡니다.

2 시험뜨기의 무늬를 10단까지 뜹니다. 웨이브 무늬가 7개(8, 9, 10)가 떠지게 됩니다.

3 1~10단을 4번(4, 5, 5) 더 반복합니다.

4 다음 단부터 차트를 참고하여 69단(69, 79, 79)까지 뜨고 70단(70, 80, 80)째 5코(8, 9, 12)를 덮어씌웁니다.

5 겉뜨기로 끝까지 뜨고 다음 단에서 똑같이 5코(8, 9, 12)를 덮어씌웁니다.

6 남은 코는 계속해서 진동 줄임을 하며 차트대로 뜹니다.

7 116단(120, 130, 132)까지 뜨고 117단(121, 131, 133)에서 무늬대로 16코(17, 17, 17)까지 뜬 후 다음 코들은 뜨지 않고 편물을 돌립니다.

8 118단(122, 132, 134)부터 네크라인 줄임을 하면서 오른쪽 어깨를 먼저 뜹니다.

9 128단(132, 146, 146)까지 뜨면 11코(12, 12, 12)가 남습니다.

10 남은 코를 다른 바늘에 옮겨둡니다.

11 편물 안쪽 표시된 지점에 실을 연결하여 오른쪽 바늘에 걸린 1코를 포함해 16코(17, 17, 17)가 남을 때까지 덮어씌우기를 합니다.

12 남은 코를 모두 안뜨기로 뜨고 다음 118단(122, 132, 134)부터 차트대로 뜹니다.

13 남은 11코(12, 12, 12)를 다른 바늘에 옮겨둡니다.

뒤판

1 앞판과 같은 방법으로 76단(76, 90, 90)까지 뜬 후 다음 단에서 차트가 분리된 지점까지 뜹니다.

- 뒤트임을 원하지 않는다면 앞판과 똑같이 뜹니다.
- 깊은 트임을 원하지 않는다면 트임 위치를 높여줍니다.

2 다음 코들은 뜨지 않고 편물을 돌립니다.

3 첫 2코를 뜨지 않고 오른쪽 바늘로 옮긴 후 나머지 코들을 차트대로 뜹니다.

4 계속해서 차트대로 어깨까지 뜨고 남은 코를 다른 바늘에 옮겨둔 후 실을 어깨너비의 4배 정도 남긴 후 자릅니다.

5 차트가 분리된 지점에 실을 연결하여 편물 뒤쪽에서 1코(1, 1, 2)를 주운 뒤 남겨두었던 나머지 뒤판의 코들을 무늬대로 뜹니다.

6 계속해서 차트대로 어깨까지 뜬 후 앞판 어깨와 겉면이 마주보도록 겹친 뒤 어깨코를 겹쳐 겉뜨기 하면서 덮어씌웁니다.

7 반대편 어깨도 같은 방법으로 덮어씌우기로 연결합니다.

옆선 연결

시작코를 만들 때 남겨둔 실을 돗바늘에 꿰어 옆선을 연결합니다.

넥밴드

1 3.0mm 바늘로 왼쪽 뒤트임 끝에서 시작하여 90코(94, 106, 112)를 주워 원통으로 연결합니다.

1단: 모두 안뜨기

2단: 모두 겉뜨기

2 1, 2단을 한번 더 반복한 뒤 안뜨기로 한 단을 뜨고, 덮어씌워 마무리합니다.

너무 촘촘하거나 느슨해지지 않도록 주의하세요.

3 마지막 코까지 덮어씌운 뒤 사슬뜨기로 5~6코를 만들고, 넥밴드가 시작된 부분에 빼뜨기로 연결하여 단추 고리를 만들어줍니다.

4 실을 자르고 정리합니다.

진동단

1 3.0mm 바늘로 옆선 중심에 시작점을 표시하고 진동 둘레에서 124코(135, 150, 161)를 줍습니다.

거의 매단 코를 줍습니다.

2 원통으로 연결하여 넥밴드와 같은 방식인 가터뜨기로 5단을 뜹니다.

3 시작점에서부터 6코(6, 8, 8)를 덮어씌웁니다.

덮어씌우기가 끝나면 오른쪽 바늘에 1코가 걸려있게 됩니다.

4 다음 코부터 무늬뜨기1 차트의 4단에 표시된 11코를 10번(11, 12, 13) 반복합니다.

5 다음 코를 겉뜨기 하고 마커로 위치를 표시한 후 나머지 6코(6, 8, 8)를 겉뜨기로 뜹니다.

원통으로 연결하지 않고 편물을 돌립니다.

6 다음 단(무늬뜨기1 차트 5단)에서 안뜨기로 6코(6, 8, 8)를 덮어씌웁니다.

7 덮어씌우기가 끝나면 오른쪽 바늘에는 1코, 왼쪽 바늘에는 111코(122, 133, 144)가 남습니다. 나머지 코를 모두 안뜨기로 뜹니다.

전체 코수는 112코(123, 134, 145)가 됩니다.

8 계속해서 무늬뜨기1의 4단과 5단을 2번(2, 3, 3) 반복합니다.

9 4단을 한번 더 뜬 후 가터뜨기로 3단을 뜨고 4단째 모든 코를 덮어씌우기 합니다.

너무 촘촘하거나 느슨해지지 않도록 주의하세요.

10 실을 넉넉히 남기고 자른 뒤 진동단 옆선을 덮어씌우기 한 부분과 돗바늘로 연결합니다

11 실 정리를 하고 세탁 후 완전히 건조된 편물에 단추를 달아 마무리합니다.

무늬뜨기1 차트

∣	−	−	−	−	−	−	−	−	−	−	−	−	−	−	−	−	−	−	−	−	−	−	−	−	−	−	−	−	−	−	−	−	−	∣	
∣	∣	∣	∣	∣	∣	∣	∣	∣	∣	∣	∣	∣	∣	∣	∣	∣	∣	∣	∣	∣	∣	∣	∣	∣	∣	∣	∣	∣	∣	∣	∣	∣	∣	∣	12단
∣	−	−	−	−	−	−	−	−	−	−	−	−	−	−	−	−	−	−	−	−	−	−	−	−	−	−	−	−	−	−	−	−	−	∣	
∣	∣	∣	∣	∣	∣	∣	∣	∣	∣	∣	∣	∣	∣	∣	∣	∣	∣	∣	∣	∣	∣	∣	∣	∣	∣	∣	∣	∣	∣	∣	∣	∣	∣	∣	10단
∣	∣	∣	∣	∣	∣	∣	∣	∣	∣	∣	∣	∣	∣	∣	∣	∣	∣	∣	∣	∣	∣	∣	∣	∣	∣	∣	∣	∣	∣	∣	∣	∣	∣	∣	
∣	⋋	⋋	O	∣	O	∣	O	∣	O	⋌	⋌	⋋	⋋	O	∣	O	∣	O	∣	O	⋌	⋌	⋋	⋋	O	∣	O	∣	O	∣	O	⋌	⋌	∣	8단
∣	∣	∣	∣	∣	∣	∣	∣	∣	∣	∣	∣	∣	∣	∣	∣	∣	∣	∣	∣	∣	∣	∣	∣	∣	∣	∣	∣	∣	∣	∣	∣	∣	∣	∣	
∣	⋋	⋋	O	∣	O	∣	O	∣	O	⋌	⋌	⋋	⋋	O	∣	O	∣	O	∣	O	⋌	⋌	⋋	⋋	O	∣	O	∣	O	∣	O	⋌	⋌	∣	6단
∣	∣	∣	∣	∣	∣	∣	∣	∣	∣	∣	∣	∣	∣	∣	∣	∣	∣	∣	∣	∣	∣	∣	∣	∣	∣	∣	∣	∣	∣	∣	∣	∣	∣	∣	
∣	⋋	⋋	O	∣	O	∣	O	∣	O	⋌	⋌	⋋	⋋	O	∣	O	∣	O	∣	O	⋌	⋌	⋋	⋋	O	∣	O	∣	O	∣	O	⋌	⋌	∣	4단
∣	−	−	−	−	−	−	−	−	−	−	−	−	−	−	−	−	−	−	−	−	−	−	−	−	−	−	−	−	−	−	−	−	−	∣	
∣	∣	∣	∣	∣	∣	∣	∣	∣	∣	∣	∣	∣	∣	∣	∣	∣	∣	∣	∣	∣	∣	∣	∣	∣	∣	∣	∣	∣	∣	∣	∣	∣	∣	∣	2단
∣	−	−	−	−	−	−	−	−	−	−	−	−	−	−	−	−	−	−	−	−	−	−	−	−	−	−	−	−	−	−	−	−	−	∣	1단

무늬뜨기2 차트

∣	∣	∣	∣	4단
∣	∣	−	∣	
⋋	⬭		⋌	2단
∣	∣	∣	∣	1단

무늬뜨기3 차트

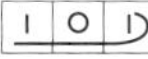

80사이즈 앞판 차트

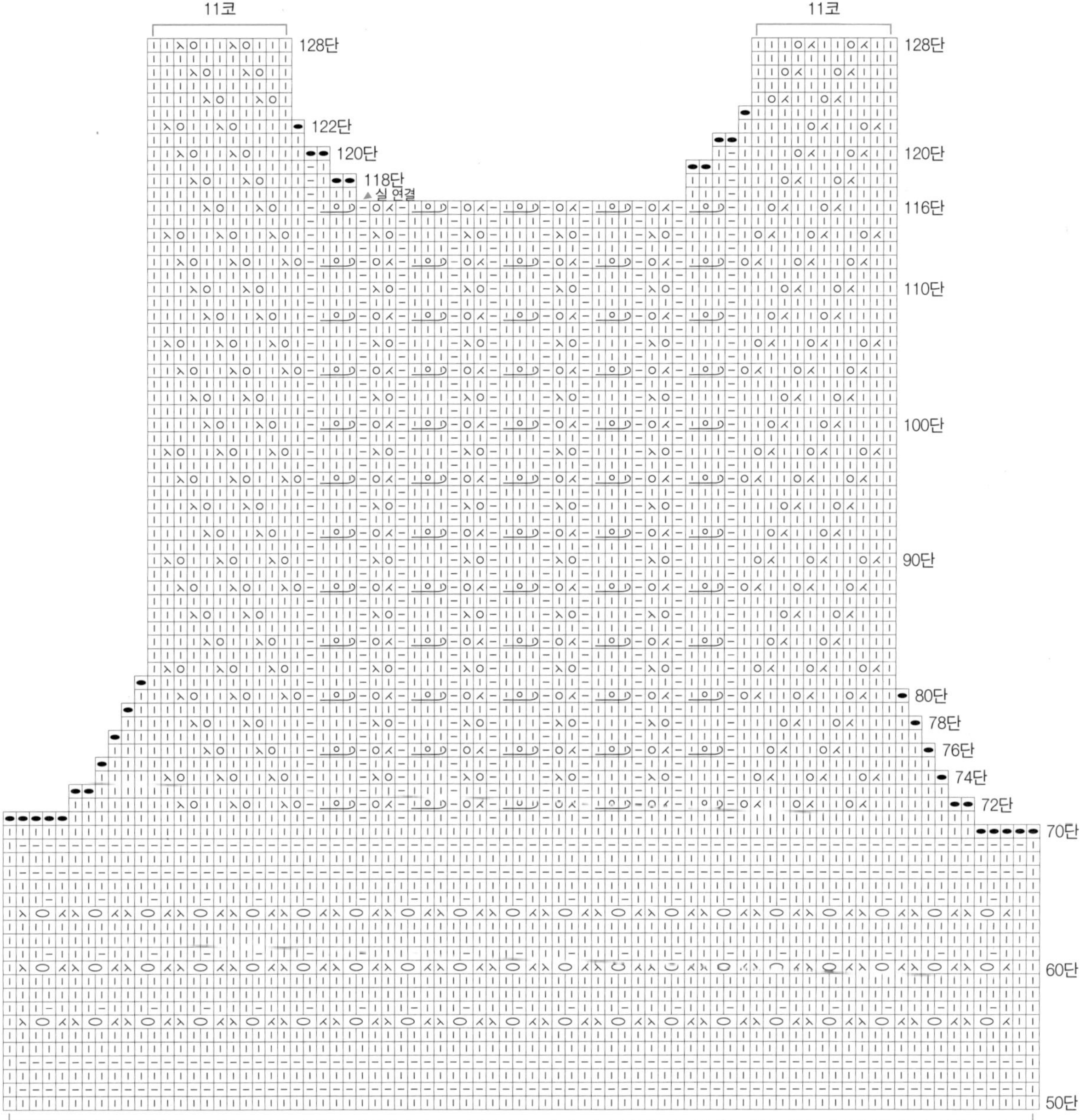

11코
11코
128단
122단
120단
118단
▲실 연결
116단
110단
100단
90단
80단
78단
76단
74단
72단
70단
60단
50단
79코

80사이즈 뒤판 차트

79코
11코
70단
72단
74단
76단
78단
90단
100단
110단
116단
118단
120단
122단
128단

11코
78단
80단
90단
100단
110단
116단
120단
128단

90사이즈 앞판 차트

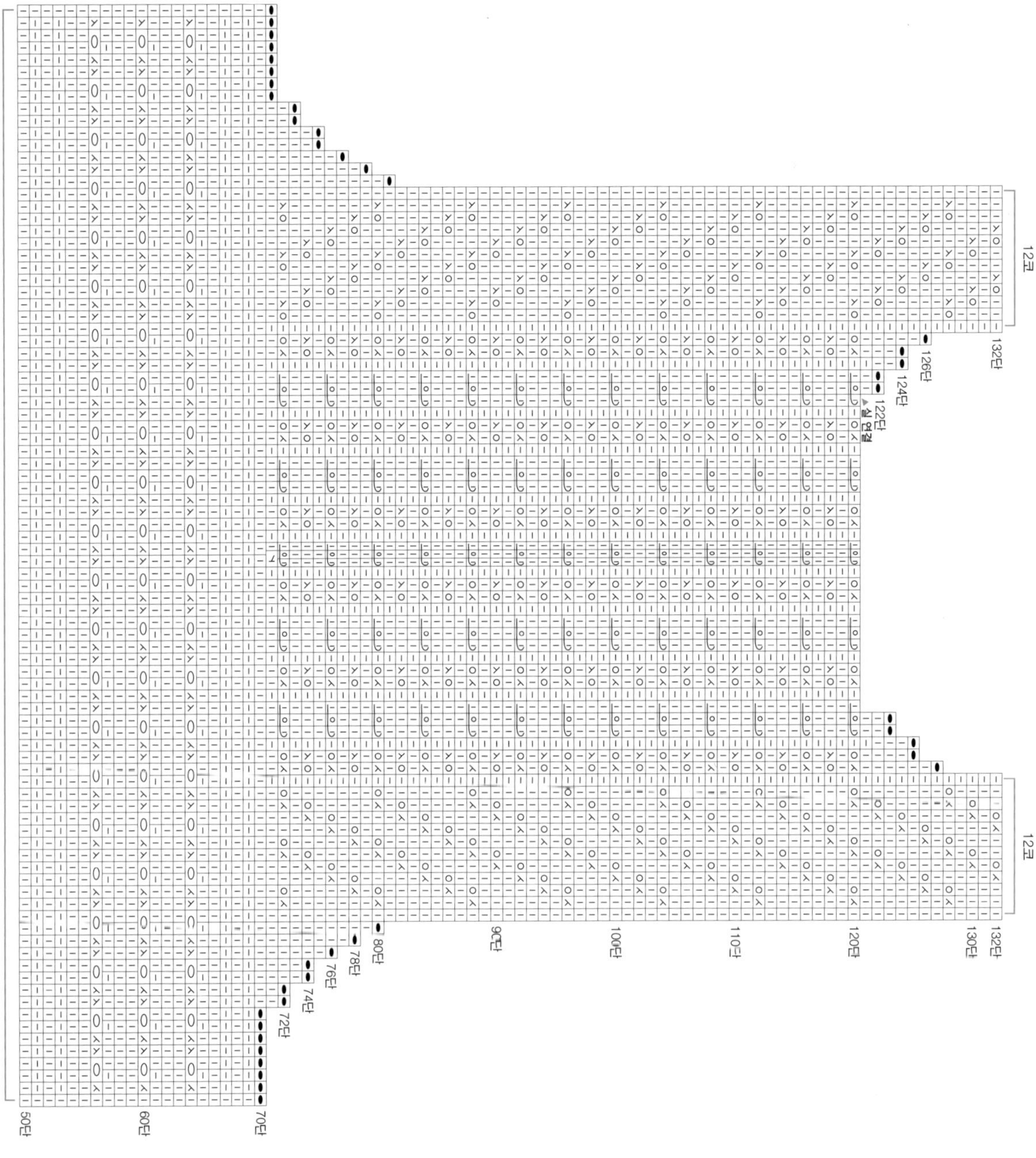

90코

12코

132단

126단

124단

122단

실 연결

12코

50단

60단

70단

72단

74단

76단

78단

80단

90단

100단

110단

120단

130단

132단

90사이즈 뒤판 차트

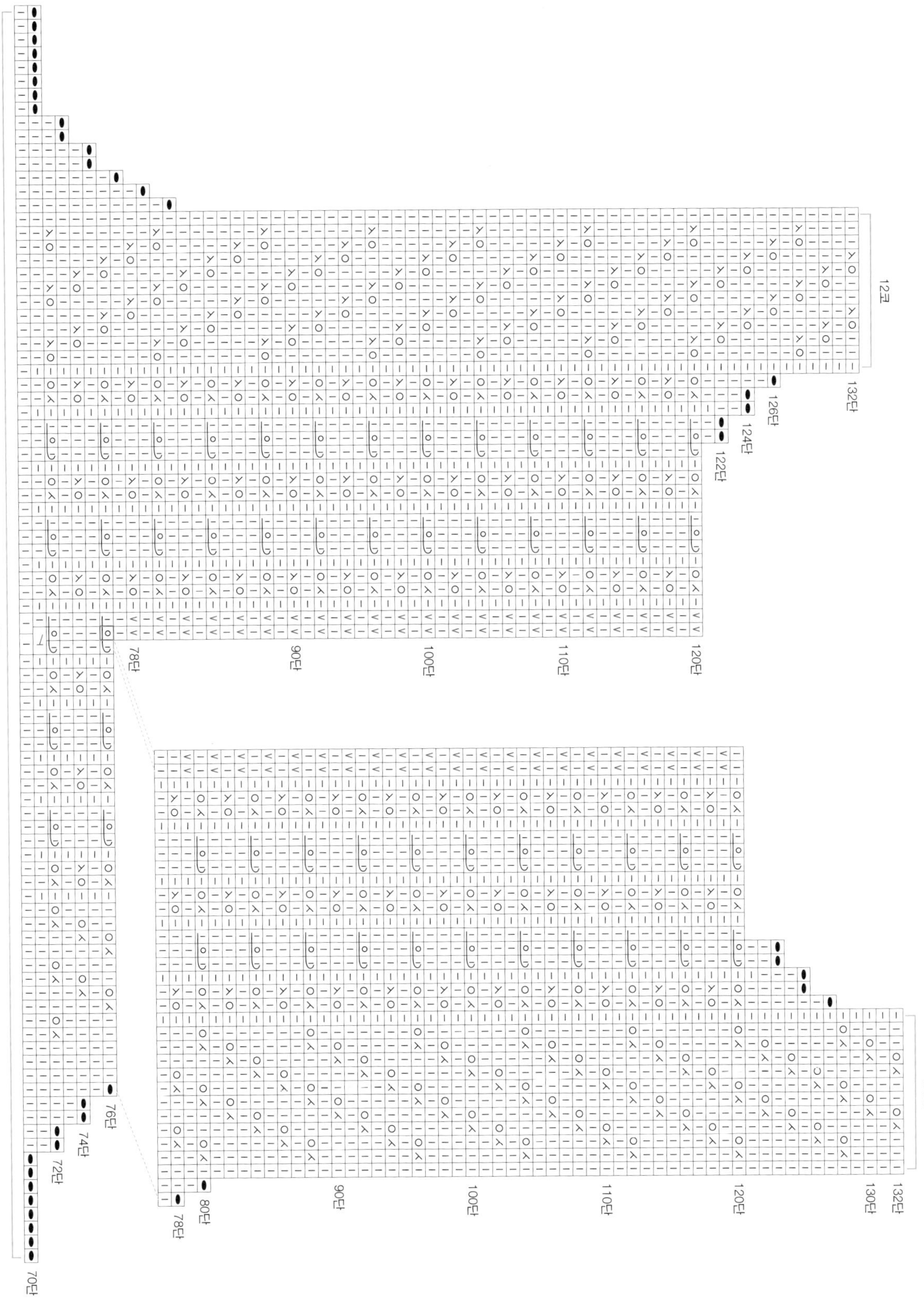

90코

12코

132단

126단

124단

122단

78단

90단

100단

110단

120단

76단

74단

72단

70단

12코

80단

78단

90단

100단

110단

120단

130단

132단

100사이즈 앞판 차트

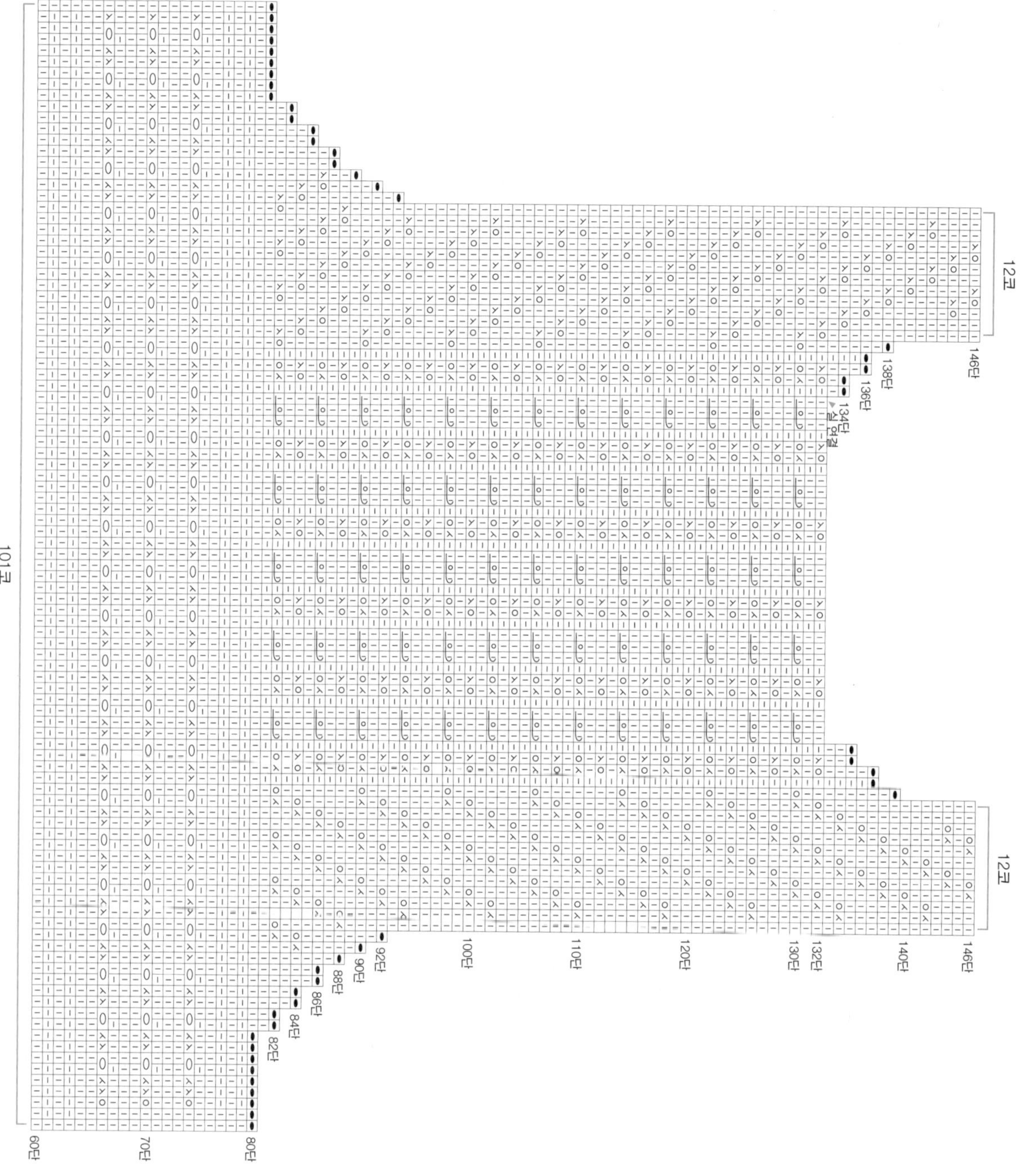
101코
12코
146단
138단
136단
134단
실 연결
12코
60단
70단
80단
82단
84단
86단
88단
90단
92단
100단
110단
120단
130단
132단
140단
146단

100사이즈 뒤판 차트

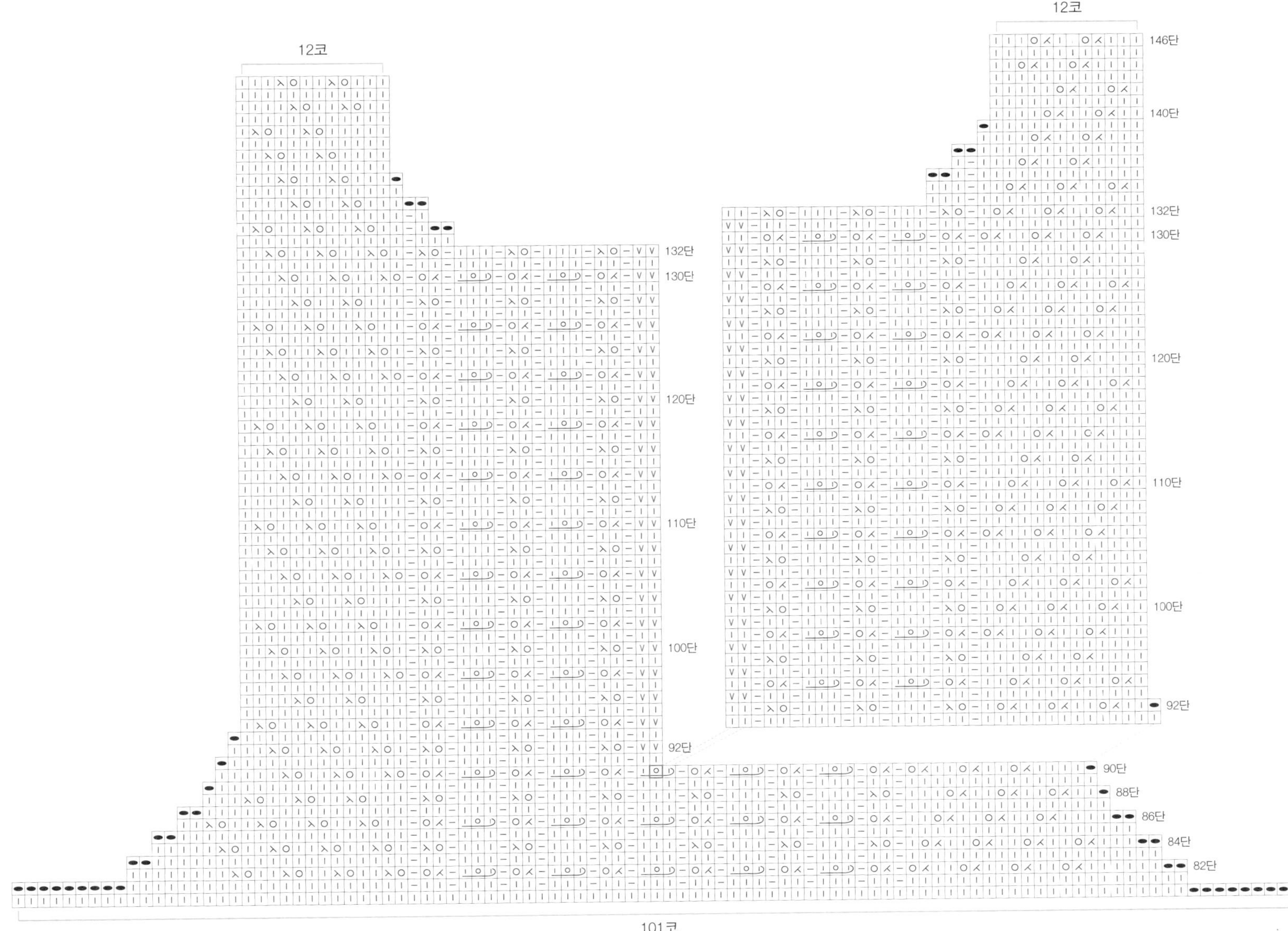

12코
12코
146단
140단
132단
130단
120단
110단
100단
92단
132단
130단
120단
110단
100단
92단
90단
88단
86단
84단
82단
80단
101코

110사이즈 앞판 차트

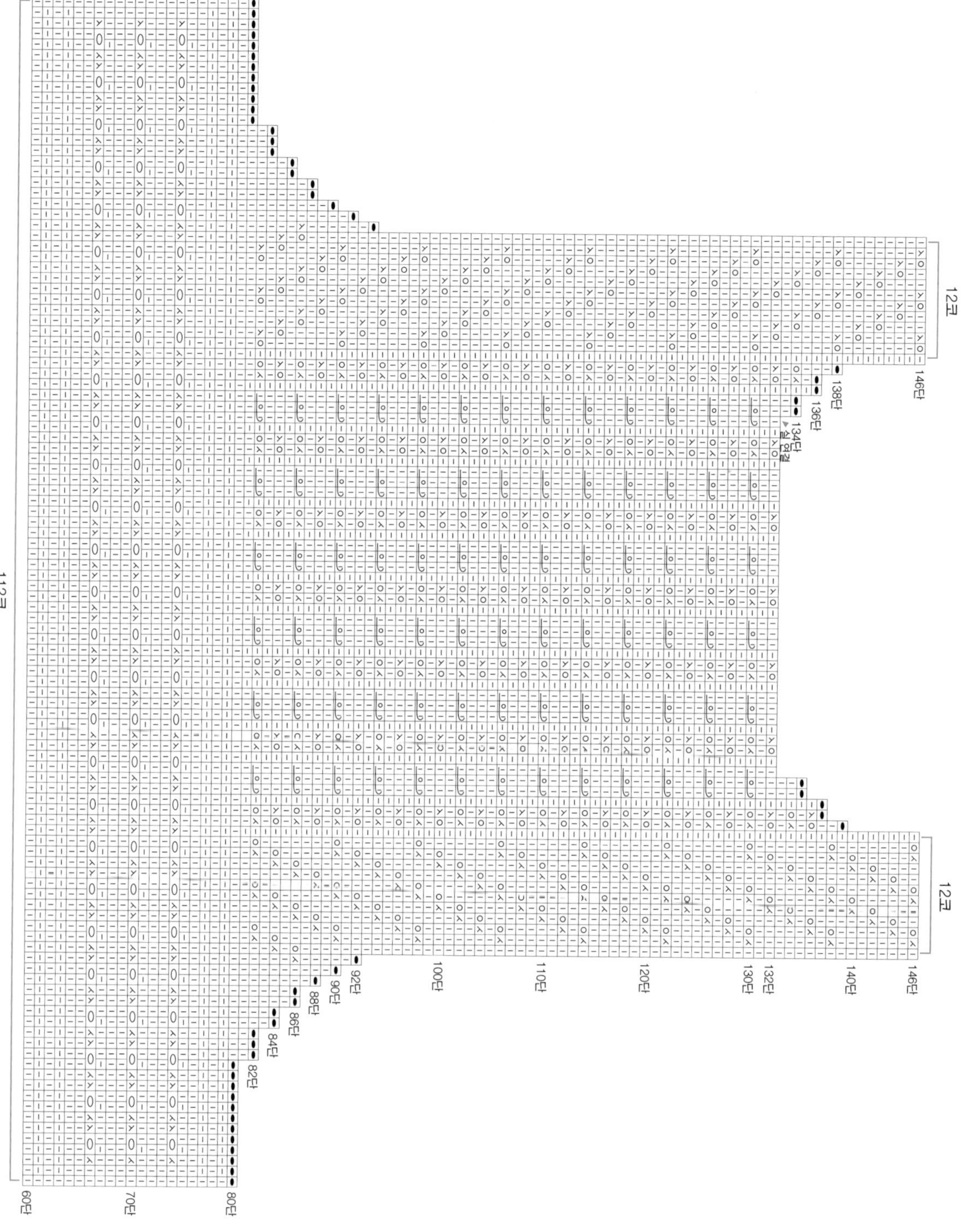

112코
12코
12코
60단
70단
80단
82단
84단
86단
88단
90단
92단
100단
110단
120단
130단
132단
134단
136단
138단
140단
146단
146단
실 연결

110사이즈 뒤판 차트

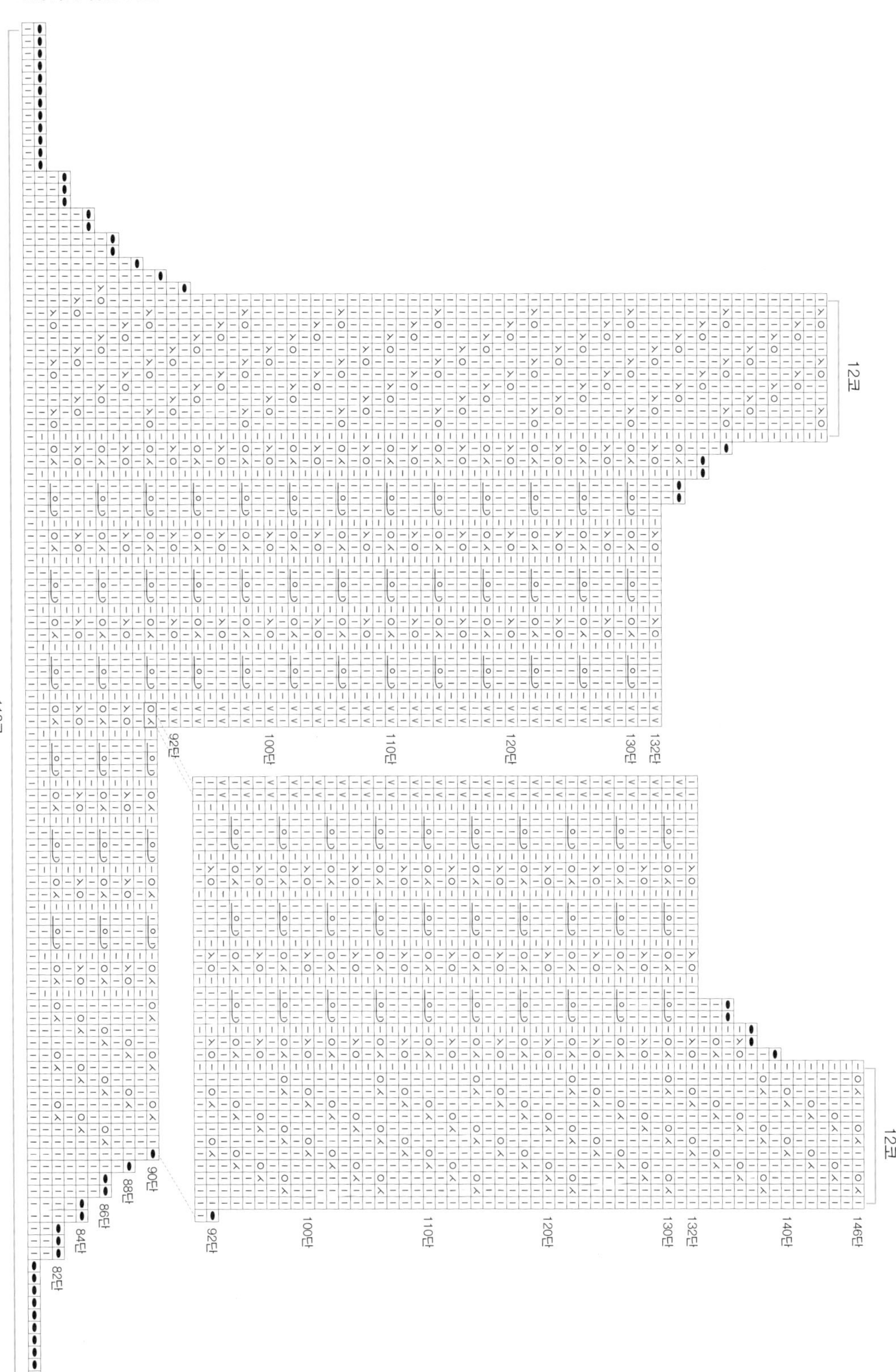
112코
12코
92단
100단
110단
120단
130단
132단
80단
82단
84단
86단
88단
90단
92단
100단
110단
120단
130단
132단
140단
146단
12코

레이시 베레

Lacy Beret

작품 소개

초봄의 바람은 겨울처럼 거세지는 않지만 가끔은 머리카락을 온통 흩트려 놓곤 합니다. 머리가 긴 조카가 투박한 겨울 모자 말고 봄에 어울리는 예쁜 모자가 필요하다고 해서 뜨게 된 베레 모자예요. 봄의 가벼운 공기를 담아내듯 레이스 무늬를 더해 섬세함을 살리고 무겁지 않도록 디자인했습니다. 포근하지만 답답하지 않고 적당히 따뜻해 봄바람을 부드럽게 감싸주는 모자입니다. 이 베레를 쓰고 맞이하는 봄바람이 한결 더 기분 좋게 느껴지길 바랍니다.

기본 정보

실	Lang Yarns Air(1볼 50g 125m, 버진울 84%, 나일론 16%) 1볼
바늘	4.0mm 40cm, 4.5mm 80cm 대바늘 각각 1개씩
게이지	4.5mm 레이스 무늬 1.65코 3.0단
사이즈	지름 25cm, 총장 20cm

도식

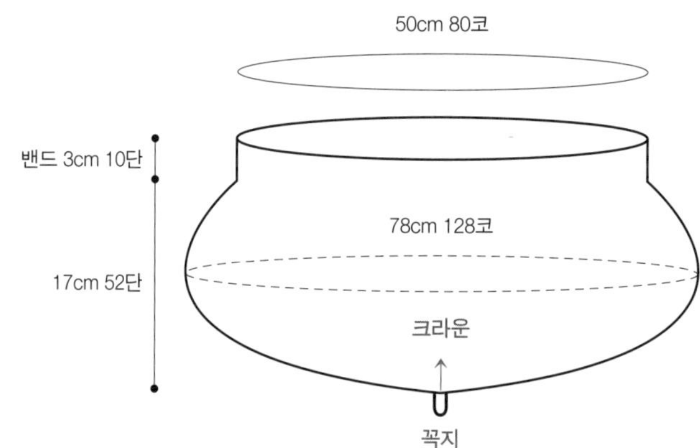

꼭지

1 4.5mm 80cm 줄바늘로 둥근 시작코 4코를 만듭니다. I-cord로 5단을 뜹니다.

준비단: 시작 위치를 표시하고 모든 코를 K f&b로 떠서 8코가 되면 반으로 나누어 매직 루프로 다음과 같이 뜹니다.

준비단 1단: 모두 겉뜨기 - 전체 코수 8코

준비단 2단: [K f&b] x 8번 - 전체 코수 16코

K f&b(Knit front and back loop) 기법: 다음 코의 앞실에 겉뜨기를 하되 왼쪽 바늘에서 코를 빼지 않습니다. 그 상태에서 뒷실에 다시 한번 겉뜨기를 하고 2코를 오른쪽 바늘로 옮깁니다. 1코가 늘어납니다.

I-cord 기법: 오른쪽 바늘에 걸린 4코를 왼쪽 바늘로 옮겨 모두 겉뜨기 합니다. 같은 방법을 4번 더 반복합니다.

크라운

1 2코씩 나누어 위치를 표시하고 다음 단부터 차트의 1단을 시작합니다.

차트의 빨간 박스 영역을 8번 반복합니다.

2 차트대로 코늘림을 하면서 20단까지 뜨면 전체 코수는 80코가 됩니다.

3 계속해서 차트대로 26단까지 코늘림을 하면 전체 코수는 128코가 됩니다.

무늬가 어긋나지 않도록 코늘림 위치를 계속 확인하세요.

4 계속해서 차트대로 뜨되 30, 34, 38, 44단에서는 첫 코를 뜨지 않고 오른쪽 바늘로 옮겨 시작점을 바꾼 후 뜨고, 31, 35, 39단의 마지막 코를 뜨지 않고 32, 36, 40단을 시작합니다.

나머지 단은 전 단의 시작점을 그대로 유지합니다.

5 44단부터 코줄임이 시작되어 52단까지 뜨면 전체 코수는 80코가 됩니다.

밴드

4.0mm 바늘로 바꿔 가터뜨기로 10단을 뜨고 덮어씌워 마무리합니다.

너무 촘촘하거나 느슨해지지 않도록 장력 조절에 주의하세요.

전체 차트

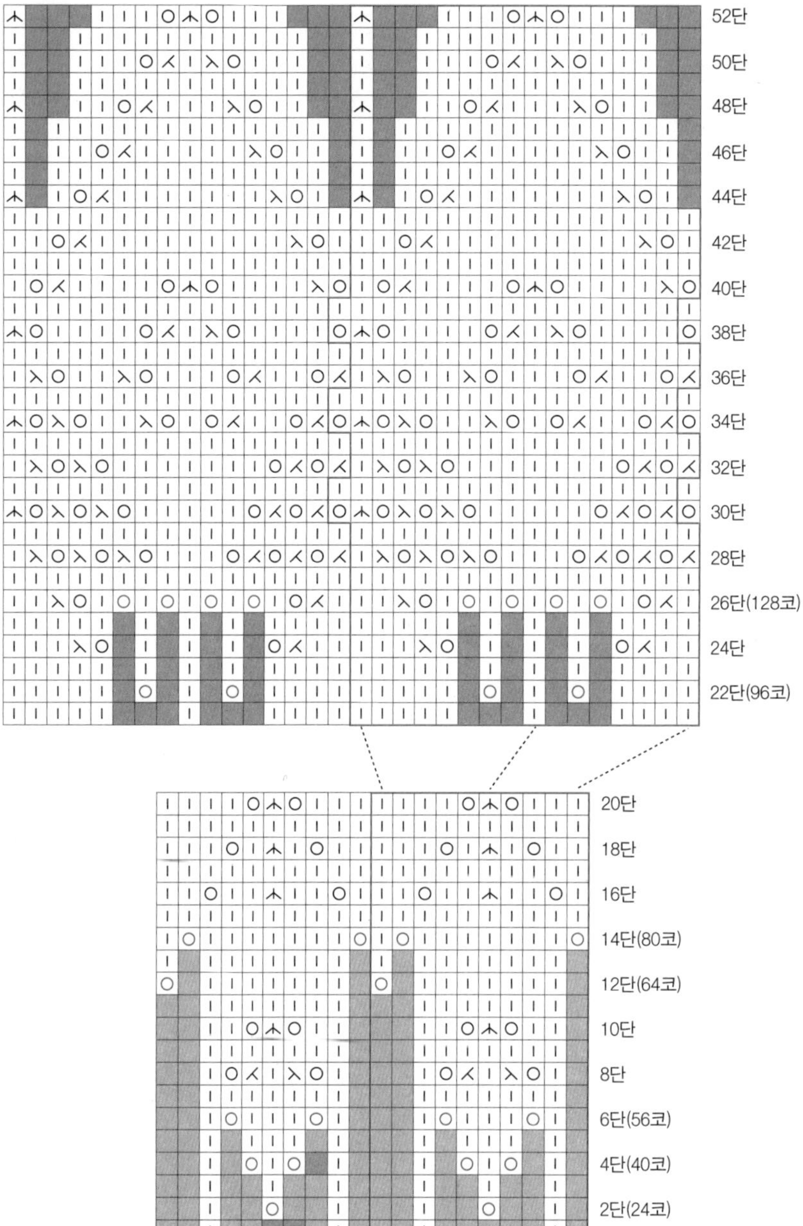

52단
50단
48단
46단
44단
42단
40단
38단
36단
34단
32단
30단
28단
26단(128코)
24단
22단(96코)

20단
18단
16단
14단(80코)
12단(64코)
10단
8단
6단(56코)
4단(40코)
2단(24코)

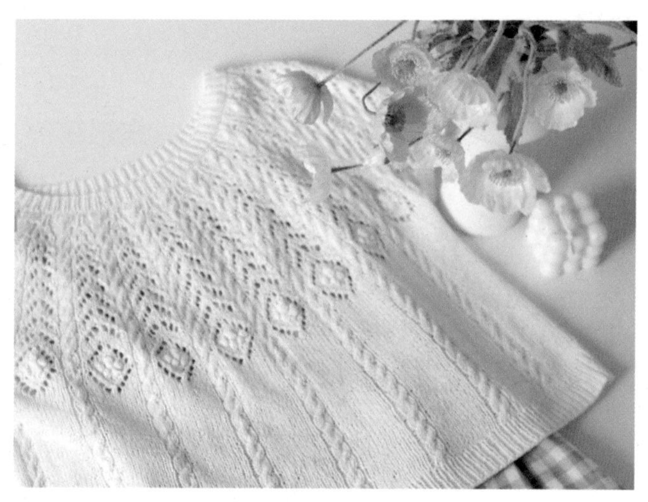